「コージェネレーション導入関連法規参考書」発行にあたり

　コージェネレーション（以下、コージェネ）に関する関連法規の資料としては、1986年に日本コージェネレーション研究会が、「研究ノート」としてまとめたのが初めである。その当時は、あくまでも関連法規専門部会の内部資料として作成した。その後いくつかの見直しを経て、2000年に日本コージェネレーションセンター「関連法規解説書編集ワーキング」が、「コージェネレーション関連法規解説書」として取りまとめ、会員向けに初版を発行した。初版発行以降、コージェネ全般を取り巻く関連法規も数々の改正・改定や制定があり、それに対応するため改訂作業を行い、2006年に内容を一新して発行したのが、「コージェネレーションシステム関連法規解説書（新版）」である。また、2013年にはコージェネ財団として見直しを行い、「コージェネレーションシステム関連法規解説書（改訂版）」として発行した。そして今回、2013年の改訂版発行から5年を経ていることもあり、内容更新の要望も受け、見直しを行うこととした。

　見直しにあたっては、当初の目的である「コージェネ導入に際しての手引書として、広く活用いただく」ことに立ち戻って本書を作成した。まず名称については、コージェネ導入に際しての参考となるような書物であることを明確にするために、「コージェネレーション導入関連法規参考書」とした。合わせて、より読みやすい書物となるように、装丁や段組みも一新して発行することとした。また、コージェネ導入・設置を検討するにあたり、より多くの方々にとって実務に有益な資料とすること、最新の関連諸情報を幅広く網羅することに努めた。そのため、関連法規のポイントについて可能な限り簡易に説明し、一部の規制等については解釈上の誤解を避けるため原文のまま収録した。

　主な改訂としては、電気事業法の改正や電気及びガス小売り事業の全面自由化の反映、労働安全衛生法の記載方法についての大幅な見直し、新たに制定された建築物省エネ法の追加を行った。また、コージェネ財団では「コージェネレーション白書」を隔年で発行しており、環境及びエネルギーに関する政策の記事は重複していたため本書から削除し、法規に係る内容のみ掲載することとした。

　なお、本書を利用するにあたっては、コージェネを設置する地域や仕様および使用方法により適用される法規が異なることがあるため、実際に設置を進める際は、各監督官庁並びに地方自治体に確認いただきたい。また、本書は、2017年9月末までに改正・改定や制定された導入・設置に係る法規を対象とし、運用に係る法規に関しては基本的に対象外としていることにも留意いただきたい。

　最後に、本書の発行にあたり、関連企業・団体から作成委員を選出いただいた。委員各位、関係者の皆様には多大なるご協力をいただき、厚く御礼申し上げたい。また、読者の皆さまには、本書をコージェネ導入の参考書としてご活用いただき、社会への貢献に資する優れたコージェネの更なる普及に役立てていただければ幸いである。

2018年3月
一般財団法人　コージェネレーション・エネルギー高度利用センター
（通称：コージェネ財団）

目次

「コージェネレーション導入関連法規解説書」発行にあたり
目次

第Ⅰ章　コージェネレーション関連法規とその概要

1　関連する法規について ……………………………………………………………………… 9
2　コージェネ関連法規の最近の改正・制定 ………………………………………………… 9
　2.1　電気事業法関係
　　2.1.1　電力システム改革に関する改革方針
　　2.1.2　主任技術者制度の見直し
　　2.1.3　技術基準の見直し
　　2.1.4　電気工作物の規制範囲の見直し
　　2.1.5　その他の改正
　2.2　消防法
　2.3　建築物省エネ法
　2.4　大気汚染防止法
3　コージェネに係るこれまでの主な法規改正・制定 ……………………………………… 12
4　コージェネ導入までのスケジュール概要 ………………………………………………… 16
5　コージェネ導入までに関連する主な法令と届出手続き一覧 …………………………… 24

第Ⅱ章　コージェネレーション関連法規の解説

1　電気事業法 …………………………………………………………………………………… 29
　1.1　電気事業法とコージェネ
　1.2　コージェネの保安体系
　1.3　コージェネの設置・運転に係る法規・規制
　　1.3.1　コージェネの使用開始までに必要な手続きの流れ
　　1.3.2　手続きの概要
　1.4　工事計画
　　1.4.1　工事計画届出を要する設備・規模及び環境関連法との関係
　　1.4.2　工事計画（変更）届出に関する手続き
　　1.4.3　工事計画届出に係る公害防止対象施設
　1.5　主任技術者
　　1.5.1　主任技術者の選任
　　1.5.2　主任技術者選任の考え方
　　1.5.3　主任技術者の選任の時期
　1.6　保安規程
　　1.6.1　保安規程の内容
　　1.6.2　保安規程の作成単位
　　1.6.3　保安規程の届出時期と手続き
　　1.6.4　保安規程の変更
　1.7　安全管理検査制度
　　1.7.1　安全管理検査制度の概要
　　1.7.2　安全管理検査制度の流れ
　1.8　使用前自主検査/使用前自己確認
　　1.8.1　使用前自主検査/使用前自己確認の対象、時期及び方法
　　1.8.2　使用前安全管理審査の申請

1.8.3　使用前安全管理審査の受審時期と実施要領
　1.9　溶接安全管理検査
　　1.9.1　溶接事業者検査の対象と方法
　　1.9.2　溶接事業者検査の実施状況及びその結果の確認
　1.10　定期安全管理検査
　　1.10.1　定期安全管理検査の対象
　　1.10.2　定期事業者検査の時期と方法
　　1.10.3　定期安全管理審査の受審時期と実施要領
　1.11　使用の開始
　1.12　運転監視
　　1.12.1　随時巡回方式
　　1.12.2　随時監視制御方式
　　1.12.3　遠隔常時監視制御方式
　1.13　報告
　　1.13.1　定期報告
　　1.13.2　事故報告
　　1.13.3　公害防止に関する事故報告
　　1.13.4　発電所の出力の変更等の報告
　1.14　事業用発電設備を用いた電気事業
　1.15　託送供給と電力量調整供給
　1.16　特定供給
　1.17　自家用発電設備から生じた余剰電力の利用
　　1.17.1　電気事業者への余剰電力の販売
　　1.17.2　自己託送制度による余剰電力の送電
　1.18　電気事業者による電力買取制度
　　1.18.1　再生可能エネルギーの固定価格買取制度
　　1.18.2　廃棄物発電等からの余剰電力購入単価
　1.19　技術基準への適合義務
　1.20　系統連系
　　1.20.1　「系統連系技術要件ガイドライン」整理に伴う新たな規程
　　1.20.2　新たな技術指針「系統連系規程」
　　1.20.3　一般送配電事業者との事前協議
　　1.20.4　発電設備を系統連系した場合の届出の義務等
　1.21　自家発補給電力契約制度
　1.22　アンシラリーサービス料金
　1.23　環境影響評価法
　1.24　参考資料
　　1.24.1　託送供給の主な料金
　　1.24.2　系統連系時の電力品質確保に係る電気設備の技術基準の解釈の概要
2　消防法 ……………………………………………………………………………………60
　2.1　消防法の体系と使用開始までの概略の流れ
　2.2　「火を使用する設備等」としての消防法による規制
　　2.2.1　位置、構造及び管理に関する基準
　　2.2.2　取扱いに関する基準
　　2.2.3　具体的な設置計画における注意
　　2.2.4　火を使用する設備等としての設置届出
　2.3　危険物の取扱いに伴う規制

2.3.1　危険物の分類
　　2.3.2　指定数量
　　2.3.3　危険物の貯蔵、取扱い
　　2.3.4　危険物に関する申請・届出
　　2.3.5　圧縮アセチレン等の貯蔵・取扱い開始届出
　　　　　（液化石油ガスエア発生装置・アンモニア等の消火活動阻害物質）
　2.4　消防用設備等の非常電源としてのコージェネ
　　2.4.1　消防用設備等とは
　　2.4.2　非常電源の設置義務
　　2.4.3　非常電源の種類
　　2.4.4　非常電源としての自家発電設備
　　2.4.5　自家発電設備の出力の算定
　　2.4.6　非常電源としての自家発電設備の届出
　　2.4.7　自家発電設備設置工事完了時の試験
　　2.4.8　自家発電設備の検査
　2.5　参考資料
　　2.5.1　自家発電設備の基準
　　2.5.2　自家発電設備の基準の一部及び燃料電池設備の基準交付に関する告示
　　2.5.3　固体酸化物型燃料電池の火気設備等としての位置付けに関する告示

3　建築基準法 ··· 68
　3.1　建築基準法の目的と法体系等
　　3.1.1　建築基準法の目的と法体系
　　3.1.2　設置等における技術指針・基準
　3.2　コージェネ及び付帯設備に関する規定
　　3.2.1　建築物の建築等における確認、完了検査及び中間検査
　　3.2.2　確認等の工作物への準用
　　3.2.3　煙突の確認等
　　3.2.4　確認申請の基本的な流れ
　　3.2.5　中間検査の流れ
　　3.2.6　完了検査申請から検査済証交付までの流れ
　3.3　危険物の貯蔵及び処理に関する規程
　　3.3.1　危険物の数量規制と建築物の仕様
　　3.3.2　用途地域ごとの危険物の数量の限度
　3.4　防災設備の予備電源としてのコージェネ
　　3.4.1　予備電源を要する防災設備
　　3.4.2　防災設備に適応する予備電源
　　3.4.3　建築設備の定期検査と報告
　3.5　容積率緩和許可

4　建築物省エネ法 ··· 76
　4.1　建築物省エネ法の目的と法体系等
　4.2　遵守すべき基準とコージェネの位置づけ
　4.3　建築物省エネ法におけるコージェネの入力方法
　4.4　建築物省エネ法に基づく省エネ性能の表示制度

5　熱供給事業法 ·· 80
　5.1　熱供給事業の定義
　5.2　熱供給事業法の設備

6 大気汚染防止法 ·· 80
　6.1 大気汚染防止法の目的
　6.2 ばい煙とばい煙発生施設の定義
　　6.2.1 ばい煙の定義
　　6.2.2 ばい煙発生施設の定義
　6.3 ばい煙及びばいじんの排出基準
　　6.3.1 ばい煙の排出基準
　　6.3.2 ばいじんの排出基準
　6.4 条例による排出基準と総量規制基準
　　6.4.1 条例による上乗せ排出基準
　　6.4.2 総量規制基準
　6.5 ばい煙の測定
　　6.5.1 SOxに係るばい煙量の測定
　　6.5.2 NOxに係るばい煙濃度の測定
　　6.5.3 ばいじんに係るばい煙濃度の測定
　6.6 電気工作物への適用除外
　6.7 参考資料

7 騒音規制法、振動規制法 ·· 88
　7.1 規制される特定施設
　7.2 規制の基準
　　7.2.1 騒音の規制に関する基準
　　7.2.2 振動の規制に関する基準
　　7.2.3 地方自治体の条例

8 水質汚濁防止法 ·· 89

9 労働安全衛生法 ·· 89
　9.1 ボイラー及び圧力容器安全規則に関連するコージェネの装置等
　9.2 ボイラー
　　9.2.1 ボイラーの区分と取扱い
　　9.2.2 労働安全衛生法と電気事業法の関係
　　9.2.3 ボイラー新設に係る届出等
　　9.2.4 ボイラーの検査
　9.3 第一種圧力容器
　　9.3.1 第一種圧力容器の規定
　　9.3.2 第一種圧力容器の取扱い
　　9.3.3 第一種圧力容器新設に係る届出等
　　9.3.4 第一種圧力容器の検査
　9.4 第二種圧力容器
　　9.4.1 第二種圧力容器の規定
　　9.4.2 第二種圧力容器の取扱い
　　9.4.3 第二種圧力容器設置報告の廃止
　9.5 小型ボイラー及び小型圧力容器
　　9.5.1 小型ボイラー設置報告
　　9.5.2 小型ボイラーの取扱い
　　9.5.3 小型圧力容器
　9.6 労働安全衛生規則に関連する届出
　9.7 特定化学物質障害予防規則に関連する届出

10 高圧ガス保安法 ･･･ 93
 10.1 貯蔵所の許可・届出
 10.2 第1種貯蔵所の完成検査
 10.3 特定高圧ガス消費届
 10.4 液化石油ガスエア発生装置
11 その他制度 ･･･ 94
 11.1 常用防災兼用自家発電設備の認証制度
 11.2 都市ガス供給系統の評価

第Ⅲ章　資格要件

1 電気事業法＜電気主任技術者、ボイラー・タービン主任技術者＞ ･････････････････････････ 95
 1.1 選任すべき主任技術者
 1.2 主任技術者免状の種類による保安の監督が出来る範囲
 1.3 主任技術者の選任許可条件
 1.4 主任技術者の兼任承認条件
2 消防法＜危険物保安監督者＞ ･･･ 96
 2.1 免状の種類による保安を監督出来る範囲
 2.2 危険物保安監督者を要する施設
 2.3 危険物保安統括管理者を要する事業所等
3 エネルギーの使用の合理化に関する法律（省エネ法） ･･･････････････････････････････････ 97
 3.1 特定事業者・特定連鎖化事業者の業務内容
 3.2 エネルギー管理統括者等の選任・資格要件及び選任数
4 特定工場における公害防止組織の整備に関する法律＜公害防止管理者＞ ･････････････････ 99
 4.1 ばい煙に関する管理者を要する事業場
 4.2 大気関係公害防止管理者の選任
 4.3 騒音関係及び振動関係公害防止管理者
 4.4 公害防止統括者と公害防止主任管理者の選任
5 労働安全衛生法＜ボイラー取扱作業主任者、特定化学物質作業主任者＞ ････････････････ 100
 5.1 ボイラー取扱作業主任者の選任
 5.2 特定化学物質作業主任者の選任
6 高圧ガス保安法＜特定高圧ガス取扱主任者＞ ･･ 102

第Ⅳ章　コージェネレーションシステム導入に係る届出の様式

1 電気事業法関係 ･･ 103
2 消防法関係 ･･ 104
3 建築基準法関係 ･･ 104
4 労働安全衛生法関係 ･･ 104
5 高圧ガス保安法関係 ･･ 104

第Ⅴ章　助成制度と補助事業

1 国が支援するコージェネ導入補助制度 ･･ 105
2 自治体が支援するコージェネ導入補助制度 ･･ 105
3 助成制度 ･･ 105
 3.1 税制上の優遇措置

3.2　金融上の優遇措置
3.3　技術開発支援
3.4　都市計画における支援策
　3.4.1　都市再生制度に関する基本的な枠組み
　3.4.2　民間の活力を中心とした都市再生
　3.4.3　官民の公共公益施設整備等による全国都市再生
　3.4.4　土地利用誘導等によるコンパクトシティの推進

索引……………………………………………………………………………………………126

I コージェネレーション関連法規とその概要

1.1 関連する法規について

コージェネは発電のみならず熱を有効利用するシステムであることから、その導入に際しては多くの法令が関係することになる。また、設備の種別や構成、容量、用途などによって、関係する各種法規も変わってくることになる。従って、コージェネを導入するに際しては、その検討、計画段階からそれぞれに関係する法規を照らし合わせながら、必要とされる資格要件を含めて導入のための検討並びに準備をしておく必要がある。図1.1に、関係する主な関連法規を示す。

図1.1　コージェネに係る主な関連法規

1.2 コージェネ関連法規の最近の改正・制定

コージェネが本格的に導入され、間もなく半世紀を迎えようとしている。(ディーゼルエンジン：1972年、ガスタービン：1975年、ガスエンジン：1981年)その間、コージェネの普及が進むにつれて関連する法規も整備されてきた。また、コージェネが省エネ・CO_2排出量抑制に貢献する設備であることだけでなく、BCP(事業継続計画)としての価値も広く社会的にも認知されたことなどを受けて、規制緩和など法制面での環境整備が進んでいる。

次に、「コージェネレーションシステム関連法規解説書(改訂版)2013年」以降の、主な関連法規の改正や制定について整理した。

1.2.1 電気事業法関係

1.2.1.1 電力システム改革に関する改革方針
・2013年11月　電気事業法の一部を改正する法律
　　　　　　　(第1弾：自己託送)

自家用発電設備等から電力会社の送配電線設備を利用して離れた地域にある自社の需要設備又は自社と密接な関係にある他社の需要設備に電気を供給する「自己託送」が接続供給の定義の1つとして追加された。そのほか電気の使用制限措置に係る規定及び供給計画に係る規定の見直しが行われた。また、電気事業の需給状態の監視や需給状況が悪化した場合の電気供給指示等を行うことができる「広域的運営推進機関」に係る規定が整備され、従来からの「送電配電等業務支援機関」に係る規定は削除された。

・2014年6月　電気事業法の一部を改正する法律
　　　　　　　(第2弾：電気の小売り自由化)

電気事業法を改正し、電気の小売業への参入の全面自由化の実施に必要な措置を講じるとともに、電気の安定供給を確保するための措置や需要家保護を図るための措置を講じた。

工事計画の届出を不要とし、事業者による設備使用前の確認の結果を国に届出る「使用前自己確認制度」とした。

・2016年4月　電気事業法の一部を改正する法律
　　　　　　　(第3弾：エネルギー三法の改正)

電気事業法、ガス事業法及び熱供給事業法の改正が一括して行われた。
【電力】送配電部門の法的分離、小売料金規制の撤廃
【都市ガス】小売全面自由化、導管部門の法的分離
【熱供給】登録制への変更、料金規制の撤廃

1.2.1.2 主任技術者制度の見直し
・2013年9月　主任技術者制度の解釈及び運用(内規)

の一部改正

小型の汽力（温泉法の規定の適用を受ける温泉を利用するものに限る。）を原動力とする出力100kW以下の発電設備用のボイラー・タービン主任技術者選任要件が新設された。

主任技術者を選任しないことができる（外部委託承認制）ための承認要件のひとつである年次点検に係る要件について、十分な保安水準の確保ができる技術的根拠があれば停電点検（原則として1年に1回）を3年に1回以上の頻度で実施することができるようになった。

・2017年8月　主任技術者制度の解釈及び運用（内規）の一部改正

高圧一括受電するマンションの保安管理について、家庭用燃料電池設備の点検が追加された。

I.2.1.3　技術基準の見直し

・2015年4月　火力設備における電気事業法施行規則第94条の2第2項第1号に規定する定期事業者検査の時期変更承認に係る標準的な審査基準例及び申請方法等についての一部改正

小型ガスタービン（出力1万kW未満）については、定期事業者検査の検査時期延長の期間の限度として6年間という上限を付していたが、使用頻度が極めて低く稼働時間も短い設備の場合は、この上限を撤廃した。

・2015年12月　電気設備の技術基準の解釈の一部改正

常時監視しないことができる固体酸化物形燃料電池（SOFC）発電所の圧力要件について、電技解釈第47条【常時監視をしない発電所の施設】において、燃料・改質系統設備の圧力が0.1MPa未満である条件付で「随時巡回方式」、「随時監視制御方式」、「遠隔常時監視制御方式」の各々について施設することが可能になった。

・2016年6月　使用前自主検査及び使用前自己確認の方法の解釈、使用前・定期安全管理審査実施要領（内規）の一部改正

電気事業法第2弾改正において使用前自己確認制度が新設されたことに伴い、その対象設備に係る使用前自己確認の方法を具体的に整備するため、「使用前自主検査及び使用前自己確認の方法の解釈」を制定した。

・2016年11月　電気事業法施行規則、使用前自主検査及び使用前自己確認の方法の解釈及び発電用火力設備の技術基準の解釈の一部改正

「電気保安規制のスマート化」の一環として、一定規模の電気工作物については、設置者自らが設備の使用前に検査を行い、その結果を国に届出る電気事業法第51条の2第1項に基づく「使用前自己確認制度」を導入するなど、リスクに応じた規制の再整備を行った。

(1)太陽電池発電設備に対する使用前自己確認制度の導入
(2)小規模な新発電方式の発電設備に対する使用前自己確認制度の導入
(3)複数の発電方式を組み合わせた発電設備の工事計画届出に関する運用の明確化
(4)水素専焼発電設備に係る技術基準等の整備等

・2016年12月　電気事業法第52条に基づく火力設備に対する溶接事業者検査ガイド、溶接安全管理審査実施要領（火力設備）、使用前・定期安全管理審査実施要領（内規）及び発電用火力設備の技術基準の解釈の一部改正

溶接安全管理審査が廃止となり、使用前安全管理審査又は定期安全管理審査において設置者が行う溶接事業者検査の適切性を事後に審査する方針となった。

・2017年3月　電気事業法施行規則に基づく溶接事業者検査（火力設備）の解釈の一部改正

改正電気事業法施行後は、登録安全管理審査機関が使用前・定期安全管理審査の中で溶接事業者検査の実施状況及びその結果を確認するとともに、事業者の保安力を評価し、最大6年の定期事業者検査の延伸を可能とした。また、溶接安全管理審査を使用前・定期安全管理審査に統合した。

I.2.1.4　電気工作物の規制範囲の見直し

・2017年8月　電気設備の技術基準の解釈の一部改正

燃料電池発電設備や蓄電池に関する対地電圧と接地工事内容が変更された。

電技解釈第143条において、住宅の屋内電路の対地電圧は150V以下と規定されている。一方、太陽電池モジュールについては、施設条件を満たすことで直流450V以下でよいとされている。（同条第1項第3号）燃料電池発電設備や蓄電池に接続される屋内配線についても、同じ規定内容を適用した。

I.2.1.5　その他の改正

・2014年3月　特定供給に係る電気事業制度の運用の改善（通達）

特定供給の許可基準について、供給者が自己電源をもって、需要家の50％以上の需要を供給する能力を持つ必要があるとしていたが、自ら電源を保有しない場合であっても、契約により発電設備が特定される場合に限り、当該発電設備を自己電源とみなすこととなった。また、太陽光発電設備や風力発電設備について

は、蓄電池又は燃料電池発電設備と組み合わせることで安定的な供給を確保できる場合に限り、一定量を供給能力として認めるとともに、燃料電池発電設備については、電源として認めることが明示された。

I.2.2　消防法
・2015年3月　　消防用設備等の非常電源として用いる自家発電設備の出力算定の一部改正

　自家発電設備の出力計算用諸元値に、トップランナー電動機に対応するための措置がなされた。

I.2.3　建築物省エネ法
・2015年7月　建築物のエネルギー消費性能の向上に関する法律の制定

　建築物の省エネ性能の向上を図るため、大規模非住宅建築物の省エネ基準適合義務等の規制措置と、建築物の容積率特例等の誘導措置を一体的に講じた。経過措置を経て2017年4月より本格施行された。

I.2.4　大気汚染防止法
・2017年1月　大気汚染防止法施行規則の一部改正

　水蒸気改質法による水素製造用改質器（ガス発生炉）に係る、以下の規制緩和措置がなされた。
(1)ばい煙の測定頻度の緩和
(2)重油換算方法の変更

1.3 コージェネに係るこれまでの主な法規改正・制定

2017年9月現在

項　目	時　期	内　容	
系統連系技術要件	1986年8月	回転型コージェネの系統連系要件を設定	高圧一般配電線（逆潮なし）
	1989年7月	保護リレーの一部簡素化	高圧専用配電線（逆潮あり）
	1991年10月	スポットネットワーク配電線への連系要件を設定	スポットネットワーク配電線
	1992年6月	燃料電池等の連系要件を設定	特別高圧電線路（逆潮あり）
	1993年3月	燃料電池等の低圧配電線への連系要件を設定	低圧配電線（逆潮なし）
	1995年3月	燃料電池等の連系要件を設定	低圧配電線（逆潮あり） 高圧一般配電線（逆潮あり）
		回転型コージェネの連系要件を設定	高圧一般配電線（逆潮あり）
	1995年12月	特別高圧電線路に連系する発電設備に関わる技術要件の明確化	特別高圧電線路
		ガイドライン例外要件の明確化	低圧配電線　高圧一般配電線 高圧専用配電線　スポットネットワーク配電線
	1998年3月	保護リレーの一部簡素化	特別高圧電線路（逆潮あり）
		回転型コージェネの低圧配電線への連系要件を設定	低圧配電線（逆潮なし）
	2003年5月	系統連系に係る技術要件に関する検討報告書 ・技術的に問題がない場合は連系可能 ・短絡方向継電器、地絡過電圧継電器の低コスト設置（高圧一般配電線） ・短絡事故、地絡事故の間接的検出方法の認知（高圧一般配電線） ・ループ系統での短絡事故、地絡・事故の検出方法（特別高圧電線路）ほか	分散型電源の普及にあたっての安全確保を前提に、系統連系技術要件ガイドラインの内容をより明確化する観点から検討されたもの。
	2004年10月	保安の観点から取り扱うべき事項の明確化と法令準則への反映の必要性の増大に鑑み、「系統連系技術要件ガイドライン」は廃止。その内、「保安に関する項目」は「電気設備の技術基準の解釈」に、「電力品質確保に係る項目」は「電力品質確保に係る系統連系技術要件ガイドライン」に整理された。	
	2006年6月	「系統連系規程」（JEAC9701-2006）が（社）日本電気協会から示された。	
	2013年2月	「系統連系規程」（JEAC9701-2012）が「電気設備の技術基準の解釈」の改定などに伴い（社）日本電気協会から示された。	
	2016年7月	資源エネルギー庁より電力品質確保に係る系統連系技術要件ガイドライン改定され、「系統連系規程」（JEAC9701-2016）が（社）日本電気協会から示された。	

つづく

つづき

項　目	時　期	内　容
電気主任技術者選任制度	1988年5月	条件付きで電気主任技術者の不選任が可能となった。
	1990年4月	対象を燃料電池（条件付き）にまで拡大された。
	1997年9月	電気主任技術者不選任の範囲が拡大された。
	1999年9月	電気主任技術者不選任の範囲がさらに拡大された（出力1,000kW未満）。
	2006年3月	「主任技術者制度の解釈及び運用について（内規）」が制定され、主任技術者の選任について整理された。
	2006年6月	受託者を「みなし設置者」として、設置者と同等に取扱われることになった。
	2013年6月	火力発電設備（燃料電池発電設備は除く）について、外部委託承認範囲が2,000kW未満まで引き上げられた。
電気主任技術者の監督範囲	2004年7月	第2種、第3種の範囲が構外と構内で電圧差により区分されていたが、その区分がなくなった。
ボイラー・タービン主任技術者選任制度	2001年4月	小型ガスタービンで発電出力が300kW未満のもの（他の条件もあり）は不選任可能となった。
	2006年7月	「兼任」が30分以内に到着できる範囲まで拡大された。
	2012年3月	要件を満たす事業場に常時勤務する派遣労働者や保安管理業務委託先従業員からの選任が可能となった。
電気保安管理業務の外部委託	2003年10月	保安管理業務を受託する法人事業者が一般企業にも認められた。
随時巡回発電所における委託電気主任技術者による点検	2005年11月	点検頻度の延伸がなされた。 ・内燃力またはガスタービンは毎月1回以上 ・原動機、発電機、制御装置の一体型パッケージは3月に1回以上 　（但しメンテ契約が必要） ・空気軸受けのマイクロガスタービンは6月に1回以上
保安規程	1995年12月	電気事業法の改正により、国の直接関与が限定され自己責任を明確化した保安規程が構築された。工事計画の認可・届出範囲が緩和された。
	2000年7月	工事計画認可を廃止し、届出化。安全管理審査制度を創設した。
使用前検査	2000年7月	「公共の安全の確保上特に重要なもの」として原子力発電設備のみを限定、他の使用前検査は総て廃止。代わりに、使用前自主検査と安全管理審査に移行。自主検査の対象は、出力1,000kW以上のガスタービン発電施設と出力500kW以上の燃料電池。
定期検査	2000年7月	「公共の安全の確保上特に重要なもの」として原子力発電設備のみを限定、他の定期検査は総て廃止。代わりに、定期自主検査と安全管理審査に移行。定期自主検査の対象は、出力1,000kW以上のガスタービン発電施設と出力500kW以上の一部の燃料電池。

つづく

つづき

項　目	時　期	内　容
自家発電用 小型ガスタービンの認可	1994年3月	小型ガスタービン発電設備（1万kW未満）を認可対象から事前届出対象に変更、使用前検査を簡素化した。
コージェネ機械室の 容積率	1993年6月	建設省がコージェネに関わる機械装置は、容積率制限の特例制度の適用を受ける施設との見解を表明した。
	1996年3月	コージェネ施設を容積率制限の特例制度の適用を受ける施設として加える旨、建設省住宅局長から特定行政庁に通達がなされた。
保有距離の規制	2003年7月	小出力発電設備（内燃力発電出力10kW未満）について一般家庭用電気製品と同等の安全性が認められるとして省令に定める保有距離等に係る規制の適用を除外する。
常用防災兼用ガス 発電設備	1994年5月	常用ガス発電設備を非常用発電設備として利用することが可能（条件付き）となった。
	2006年4月	自家用発電設備の常用防災兼用についての改正・制定した。 ・蓄電池との組合せによる40秒以内の電力供給の許可 ・起動時のみ（今までは全量）予備燃料を使用するシステム許可 ・複数台（2台以上）の設置要件の緩和 ・燃料電池が非常電源として認められた
燃料電池に関する 技術基準等	1990年6月	工事計画届出対象の範囲が明確になる技術基準が制定された。
	2004年3月	窒素パージが不要となった。
	2005年10月	10kW未満の固体高分子形燃料電池が一般用電気工作物に位置づけられた。 （消防法関連：火災予防条例（例））建築物からの保有距離が不要になった。ただし、離隔距離は従来通り。設置届出が不要になった。逆火防止装置の取り付け義務が廃止された。
	2007年9月	一般用電気工作物に10kW未満の固体酸化物形燃料電池が加えられた。
	2010年4月	燃料電池発電設備の定義に、固体酸化物形燃料電池を加えた。 （火を使用するものに限る） （消防法関連：火災予防条例（例））建築物からの保有距離が不要。ただし、離隔距離は従来通り。設置届出が不要。逆火防止装置の取り付け義務が廃止された。
	2011年9月	一定の条件を満たす固体酸化物形燃料電池については、安全弁を省略できるようになった。
自家発補給 電力制度	1986年8月	系統連系する際にコージェネが定期整備等により停止した時に商用電力のバックアップを受ける制度が制定された。
	2012年3月	自家発補給契約のみ異なる電気事業者と締結することが可能となった。
余剰電力の買取制度	1992年4月	電力会社のコージェネからの余剰電力買取り条件・料金の設定制度を創設した。
	1996年4月	一部改訂

つづく

つづき

項　目	時　期	内　容
常時監視をしない発電所の範囲	2001年4月	内燃力発電所にあっては出力が1,000kW未満のもの、ガスタービン発電所にあっては出力が10,000kW未満のもの、燃料電池発電所にあっては固体高分子形のものは常時監視をしない発電所（随時巡回方式発電所）として追加された。
	2006年12月	固体酸化物形燃料電池発電所が追加された。
特定供給の対象	1987年11月	建物所有者はコージェネの発電電力をテナントに売却可能（条件付き）となった。
	1989年11月	建物所有者をみなし所有者（建物一括管理者）にまで拡大された。
	1995年12月	特定供給規制の緩和（一建物内の電気供給は許可が不要となった）
	2000年3月	特定供給規制の緩和（一構内の電気供給も許可が不要となった）
	2012年10月	特定供給規制の緩和（供給者の発電設備が需要の50%以上を満たせば良くなった）
	2014年3月	・自ら電源を保有しない場合であっても、契約により発電設備が特定される場合に限り、当該発電設備を自己電源とみなす。 ・自然環境の影響等により出力が変動する太陽光発電設備や風力発電設備については、蓄電池又は燃料電池発電設備と組み合わせることで安定的な供給を確保できる場合に限り、一定量を供給能力として認めるとともに、燃料電池発電設備については、電源として認めることを明示する。
自己託送サービス	1997年4月	電力会社の送電線を利用して自家発電設備の電力を当該需要家の別地点の工場等に送ることが可能となった。
	2014年4月	一般電気事業者に対して託送供給サービスの提供が義務づけられた。
電力の小売自由化	1995年12月	特定電気事業：特定地点（建物）への電気供給が可能となった。
		卸供給事業：入札による一般電気事業者への電気の卸売が可能となった。
	2000年3月	特定規模電気事業：契約電力2,000kW以上の特別高圧需要家への小売開始
	2004年4月	特定規模電気事業：契約電力500kW以上の高圧需要家への小売開始
	2005年4月	特定規模電気事業：契約電力50kW以上の高圧需要家への小売開始
	2016年4月	電力の小売全面自由化
ガスの小売自由化	1995年3月	ガス小売の部分自由化（大口供給：年間契約数量200万m^3以上）
	1999年11月	小売自由化範囲を年間契約数量100万m^3以上まで拡大
	2004年4月	小売自由化範囲を年間契約数量50万m^3以上まで拡大
	2007年4月	小売自由化範囲を年間契約数量10万m^3以上まで拡大
	2017年4月	ガスの小売全面自由化
労働安全衛生法計画届の免除	2006年4月	労働安全衛生マネジメントシステムを実施している事業所において、条件を満たした上で労働基準監督署長の認定を受けることにより、計画の届出（法第88条）が免除される。

1.4 コージェネ導入までのスケジュール概要

<ガスエンジンの主な手続きスケジュール例>

所定手続	適用・備考
大　工　程	●標準的な工程の一例を示している。（新設）
メ　ー　カ　ー	●製作期間はメーカー、機種で異なる。
経済産業省（所轄産業保安監督部）	
●工事計画の届出 　（ばい煙発生施設に関する記述含む）	●10,000kW以上は届出。（10,000kW未満は工事計画の届出不要。ただし、ばい煙発生施設に該当する場合は届出が必要）
●保安規程（変更）届	●点検内容、単線結線図等
●電気主任技術者選任届、他	●5,000kW以上は1～2種免状、 　5,000kW未満は1～3種免状
各地方自治体	
●定置型内燃機関設置届（東京都）、 　指定工場設置許可申請（神奈川県）等	●NOx規制を行っている自治体の場合
●ばい煙発生施設設置届 　各地方自治体はばい煙発生施設の届出	●経済産業省への工事計画届出対象未満で、規制対象の規模以上の場合
労働基準監督署	
●ボイラー設置届	●設置工事開始の30日前（小型ボイラーの場合は、設置後、遅滞なく報告。）
●ボイラー落成検査申請	●落成検査の概ね1ヶ月前
●ボイラー取扱作業主任者	●届出は不要であるが、選任しておくこと。
系統連系する場合　**電力会社** ●系統連系事前協議	●系統連系する場合は出来る限り早い時期に電力会社に出向き、調整した方がよい。 ●協議内容を要約し、合意書を作成する。
所轄消防署	
●発電設備・変電設備・蓄電池設置届	●「火を使用する設備等の設置」として届出（あらかじめ）
●少量危険物貯蔵・取扱届	●液体燃料及び潤滑油の貯蔵が指定数量未満で指定数量の1/5以上の場合。（発電設備設置届と一緒に届出）
●危険物貯蔵・取扱所設置許可申請	●指定数量以上の場合
●危険物保安監督者の選任	●指定数量以上の場合
非常用発電機と兼用する場合　**所轄消防署** ●消防用設備等設置届	●消防法上の防災負荷の非常電源として使用する場合（完工後4日以内に届出）
●常用防災兼用機の届出	●常用発電設備を消防法上の非常電源として兼用する場合
都道府県庁 ●建築確認申請	●建築基準法上の防災負荷の予備電源として使用する場合
日本内燃力発電設備協会 ●ガス導管に係わる評価申請	●都市ガス単独供給発電設備の場合

I コージェネレーション関連法規とその概要

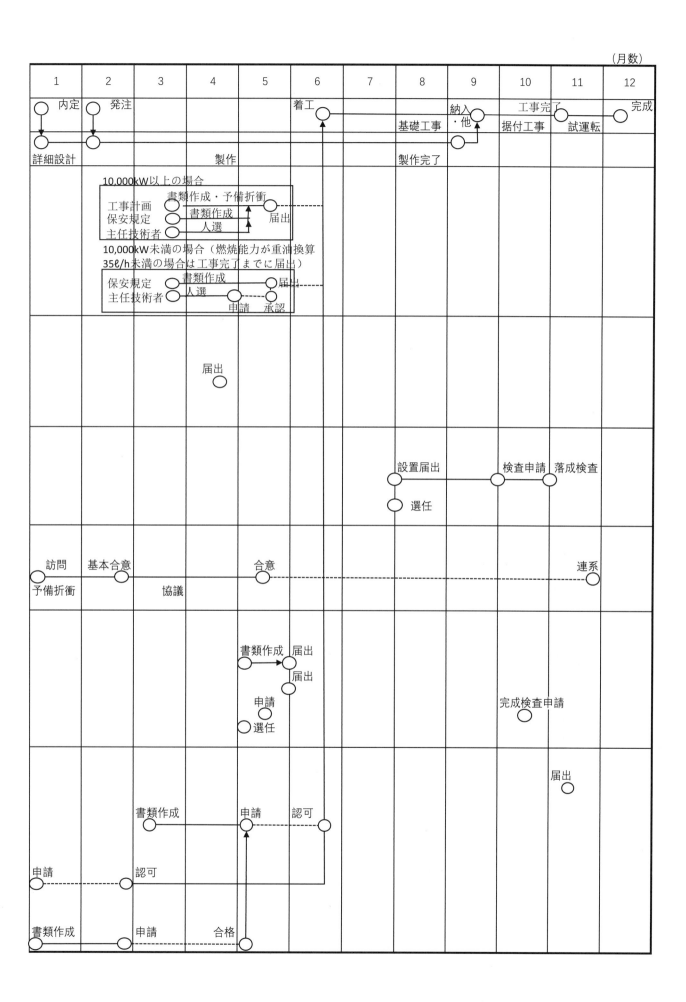

<ディーゼルエンジンの主な手続きスケジュール例>

所定手続	適用・備考
大　工　程	●標準的な工程の一例を示している。（新設）
メーカー	●製作期間はメーカー、機種で異なる。
経済産業省（所轄産業保安監督部） ●工事計画の届出 　（ばい煙発生施設に関する記述含む） ●保安規程（変更）届 ●電気主任技術者選任届、他	●10,000kW以上は届出。（10,000kW未満は工事計画の届出不要。ただし、ばい煙発生施設に該当する場合は届出が必要） ●点検内容、単線結線図等 ●5,000kW以上は1～2種免状、 　5,000kW未満は1～3種免状
各地方自治体 ●定置型内燃機関設置届（東京都）、 　指定工場設置許可申請（神奈川県）等 ●ばい煙発生施設設置届 　各地方自治体はばい煙発生施設の届出	●NOx規制を行っている自治体の場合 ●経済産業省への工事計画届出対象未満で、規制対象の規模以上の場合
労働基準監督署 ●ボイラー設置届 ●ボイラー取扱作業主任者	●設置工事開始の30日前（小型ボイラーの場合は、設置後、遅滞なく報告。） ●届出は不要であるが、選任しておくこと。
系統連系する場合 **電力会社** ●系統連系事前協議	●系統連系する場合は出来る限り早い時期に電力会社に出向き、調整した方がよい。 ●協議内容を要約し、合意書を作成する。
所轄消防署 ●発電設備・変電設備・蓄電池設置届 ●少量危険物貯蔵・取扱届 ●危険物貯蔵・取扱所設置許可申請 ●危険物保安監督者の選任	●「火を使用する設備等の設置」として届出（あらかじめ） ●液体燃料及び潤滑油の貯蔵が指定数量未満で指定数量の1/5以上の場合。（発電設備設置届と一緒に届出） ●指定数量以上の場合 ●指定数量以上の場合
非常用発電機と兼用する場合 **所轄消防署** ●消防用設備等設置届 ●常用防災兼用機の届出 **都道府県庁** ●建築確認申請	●消防法上の防災負荷の非常電源として使用する場合（完工後4日以内に届出） ●常用発電設備を消防法上の非常電源として兼用する場合 ●建築基準法上の防災負荷の予備電源として使用する場合

I　コージェネレーション関連法規とその概要

(月数)

1	2	3	4	5	6	7	8	9	10	11	12

○内定　○発注　　　　　　　　　　　着工○　　　　　　　　納入○　工事完了　　完成
　　　　　　　　　　　　　　　　　　　　　　基礎工事　・他　据付工事　試運転
　詳細設計　　　　　製作　　　　　　　　　　製作完了

10,000kW以上の場合
工事計画　　書類作成・予備折衝
保安規定　　書類作成　　届出
主任技術者　人選

10,000kW未満の場合（燃焼能力が重油換算35ℓ/h未満の場合は工事完了までに届出）
保安規定　　書類作成　届出
主任技術者　人選
　　　　　　申請　承認

届出○

届出　検査申請　落成検査
○―○―○
　　選任○

訪問　基本合意　　　　合意　　　　　　　　　　　　　　連系
○予備折衝　　協議

　　　　　　　書類作成　届出
　　　　　　　○→○
　　　　　　　　　届出○
　　　　　　　申請
　　　　　　○選任　　　　　　　　　完成検査申請○

　　　　　　　　　　　　　　　　　　　　　　　　届出○

　　　書類作成　申請　認可
　　　○―――○-----○

申請　認可
○-----○

＜ガスタービンの主な手続きスケジュール例＞

所　定　手　続	適　用・備　考
大　　工　　程	●標準的な工程の一例を示している。（新設）
メ　ー　カ　ー	●製作期間はメーカー、機種で異なる。
経済産業省（所轄産業保安監督部） ●工事計画の届出 　（ばい煙発生施設に関する記述含む） ●保安規程（変更）届 ●電気主任技術者選任届、他 ●ボイラー・タービン主任技術者選任届	●1,000kW以上は届出。（1,000kW未満は 　工事計画の届出不要。ただし、ばい煙 　発生施設に該当する場合は届出が必要） ●点検内容、単線結線図等 ●300kW未満は条件付きで不選任可
経済産業大臣の登録を受けた者 ●使用前安全管理審査	●1,000kW以上は審査対象 ●150,000kW以上は、産業保安監督部長 ●150,000kW未満は、登録安全管理審査機関 ●使用前自主検査終了までに申請
各地方自治体 ●定置型内燃機関設置届（東京都）、 　指定工場設置許可申請（神奈川県）等 ●ばい煙発生施設設置届 　各地方自治体はばい煙発生施設の届出	●NOx規制を行っている自治体の場合 ●経済産業省への工事計画届出対象未満で、 　規制対象の規模以上の場合
労働基準監督署 ●ボイラー設置届 ●ボイラー落成検査申請 ●ボイラー取扱作業主任者	●設置工事開始の30日前（小型ボイラーの 　場合は、設置後、遅滞なく報告。） ●落成検査の概ね1ヶ月前 ●届出は不要であるが、選任しておくこと。
系統連系する場合　電力会社 ●系統連系事前協議	●系統連系する場合は出来る限り早い時期に 　電力会社に出向き、調整した方がよい。 ●協議内容を要約し、合意書を作成する。
所轄消防署 ●発電設備・変電設備・蓄電池設置届 ●少量危険物貯蔵・取扱届 ●危険物貯蔵・取扱所設置許可申請 ●危険物保安監督者の選任	●「火を使用する設備等の設置」として届出 　（あらかじめ） ●液体燃料及び潤滑油の貯蔵が指定数量未満 　で指定数量の1/5以上の場合。（発電設備設 　置届と一緒に届出） ●指定数量以上の場合 ●指定数量以上の場合
非常用発電機と兼用する場合　所轄消防署 ●消防用設備等設置届 ●常用防災兼用機の届出 　都道府県庁 ●建築確認申請 　日本内燃力発電設備協会 ●ガス導管に係わる評価申請	●消防法上の防災負荷の非常電源として使用 　する場合（完工後4日以内に届出） ●常用発電設備を消防法上の非常電源として 　兼用する場合 ●建築基準法上の防災負荷の予備電源として 　使用する場合 ●都市ガス単独供給発電設備の場合

I コージェネレーション関連法規とその概要

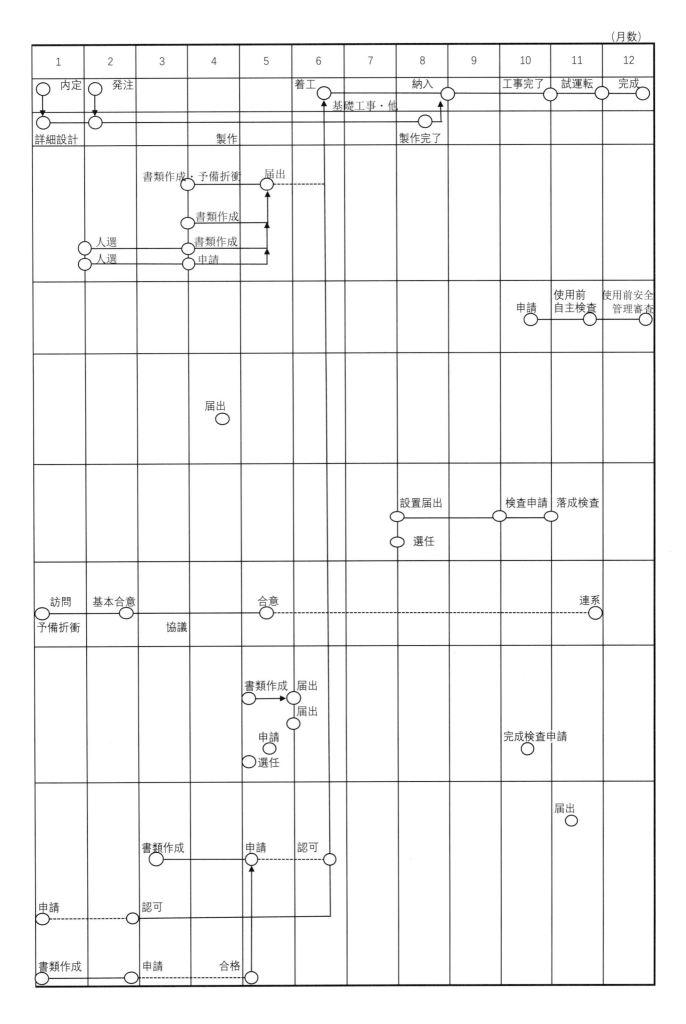

<燃料電池の主な手続きスケジュール例>

所定手続	適用・備考
大 工 程	●標準的な工程の一例を示している。（新設）
メ ー カ ー	●製作期間はメーカー、機種で異なる。
経済産業省（所轄産業保安監督部） ●工事計画の届出 （ばい煙発生施設に関する記述含む） ●保安規程（変更）届 ●電気主任技術者選任届、他 ●ボイラー・タービン主任技術者選任届	●500kW未満は工事計画の届出不要。 　（500kW以上は届出必要。ばい煙発生施設に該当する場合は届出が必要。） ●点検内容、単線結線図等 ●改質器圧力が98kPa以上の場合
各地方自治体 ●指定工場設置許可申請（神奈川県）等 ●ばい煙発生施設設置届 　各地方自治体はばい煙発生施設の届出	●自治体窓口で相談 ［改質器が大防法の「水性ガス発生の用に供するガス発生炉」に該当する場合は「ばい煙発生施設の届出」対象］
労働基準監督署 ●ボイラー設置届 ●ボイラー落成検査申請 ●ボイラー取扱作業主任者	●設置工事開始の30日前（小型ボイラーの場合は、設置後、遅滞なく報告。） ●落成検査の概ね1ヶ月前 ●届出は不要であるが、選任しておくこと。
する系統連系する場合　電力会社 ●系統連系事前協議	●系統連系する場合は出来る限り早い時期に電力会社に出向き、調整した方がよい。 ●協議内容を要約し、合意書を作成する。
所轄消防署 ●燃料電池発電設備・変電設備・蓄電設置届 ●少量危険物貯蔵・取扱届	●「火を使用する設備等の設置」として届出（あらかじめ） ●予備燃料を有する場合 　液体燃料の貯蔵が指定数量未満で指定数量の1/5以上の場合（発電設備設置届と一緒に届出）

I　コージェネレーション関連法規とその概要

(月数)

	1	2	3	4	5	6	7	8	9	10	11	12
	○内定	○発注				着工○ 基礎工事・他		○納入		工事完了		完成○
	詳細設計				製作			製作完了				
			書類作成 予備折衝		届出○							
				書類作成								
		人選	書類作成 申請									
					届出○							
								設置届出○		検査申請○	落成検査○	
								○選任				
	○訪問 予備折衝	○基本合意 協議			○合意							○連系
					書類作成○→○届出 ○届出							

コージェネレーション導入関連法規参考書2018　23

1.5 自家用電気工作物導入に関連する主な法令と届出等手続き一覧

●必ず届出が必要　○条件により届出が必要

法令等	届出書類	ガスエンジン	ディーゼルエンジン	ガスタービン	燃料電池	適用
電気事業法	工事計画（変更）届出	○ 1万kW以上 *1	○ 1万kW以上 *2	○ 1千kW以上 *2	○ 5百kW以上 *2*3	左記の出力未満であっても「公害防止に関する工事計画書」の届出対象となる設備（下段「公害関係」参照） *1：重油換算35l/h以上の設備 *2：重油換算50l/h以上の設備 *3：燃料電池発電所であって、施行規則別表第六に該当する場合は、工事計画届は不要
	保安規程（変更）届出	●	●	●	●	主任技術者の選任、点検内容、単線結線図等の変更等
	使用前安全管理審査申請 使用前自己確認結果届出書*4	―	―	○ 1千kW以上	○ 5百kW以上	*4：燃料電池発電所であって、施行規則別表第六に該当する設備として工事計画届の対象外となった場合は、使用前自己確認の対象となり、自己確認結果届出が必要
	溶接事業者検査の実施状況及びその結果の確認（溶接事業者検査年報）	○	○	○	○	省令で定める圧力以上が加わる発電用のボイラー、タービン及び付帯設備・定められた条件を超える容器、改質器等を有する燃料電池設備・外径150mm以上の管・その他
	主任技術者選任届 ボイラータービン主任技術者	―	―	○ *5	○ *6	*5：出力3百kW以上、最高使用圧力1千kPa以上、最高使用温度14百℃以上等のもの *6：最高使用圧力が98kPa以上の改質器を有する燃料電池
	主任技術者選任届 電気主任技術者	●	●	●	●	・5千kW以上：1～2種免状 ・5千kW未満：1～3種免状（それぞれ取扱う電圧の規定有）
	特定自家用電気工作物接続届出書	○ 1千kW以上	○ 1千kW以上	○ 1千kW以上	○ 1千kW以上	・特定自家用電気工作物が一般送配電事業者の電線路に直接又は間接に電気的に接続している場合 ・電気事業者に該当する者は、その設置する特定自家用電気工作物について特定自家用電気工作物接続届出書等の提出を要しない
消防法	火を使用する設備の設置届出	●	●	●	●	発電設備、特高・高圧・変電設備、蓄電池設備 各行政が定める火災予防条例に従い「火を使用する設備等の設置」として届出
	危険物貯蔵所・取扱所設置許可申請	○	○	○	○	指定数量以上の危険物の貯蔵又は取扱いがある場合（ガスエンジン、ガスタービン、燃料電池の液体予備燃料、助燃料、潤滑油を含む）
	少量危険物貯蔵取扱届出 指定可燃物貯蔵取扱所設置（変更）届出書	○	○	○	○	少量危険物：液体燃料、潤滑油類が指定数量未満で指定数量の1/5以上の場合 指定可燃物：政令で定める火災が発生した場合にその拡大が速やかであり、又は消火の活動が著しく困難となるもの
	工事整備対象設備等着工届	○	○	○	○	工事の対象となる消防用設備等に自家発電設備等の非常電源が附置される場合
	消防用設備等設置届出	○	○	○	○	発電設備を消防法上の非常電源として用いる場合
	常用防災兼用機の届出	○	○	○	○	常用発電設備を消防法上の非常電源として兼用する場合（常用防災兼用）

I　コージェネレーション関連法規とその概要

2017年9月現在

届出先（窓口）	届出時期	備　考	関連条項、その他
所轄産業保安監督部長（電力安全課）	着工の30日前まで（審査のため延長される場合もある）	・所轄産業保安監督部への事前説明と電力会社への説明も必要 ・振動、騒音規制法及び大気汚染防止法等に関する「公害の防止に関する工事計画書」を添付	・法47，48条（工事計画） ・施規65，66条（事前届出等） ・施規別表2，3，4，5，6
所轄産業保安監督部長（電力安全課）	・使用の開始前 ・工事計画を伴うものはその工事の開始前	導入を計画している電気工作物の実態に応じて、主任技術者の選任をはじめ保安の確保が適確に実施される内容とする。	・法42条（保安規程） ・施規50，51条（保安規程）
経済産業大臣の登録を受けた者（例）（一財）発電設備技術検査協会 *4　使用前自己確認結果届出書は所轄産業保安監督部長（電力安全課）	使用前自主検査終了まで *4　使用前自己確認結果届出書は当該電気工作物の使用開始前	・評定までの流れ：使用前自主検査～使用前安全管理審査～評定結果通知 ・電力会社にも説明 ・審査申請後2ヶ月以内に実地審査	・法51条，51条の2（使用前安全管理検査、自己確認） ・施規73条の2～9，74条・79条（使用前安全管理検査、自己確認）
所轄産業保安監督部長（電力安全課）	検査終了翌年度の6月末日まで	・使用前自主検査または定期自主検査の予定がある設置者は、安全管理審査時に審査機関が審査するため、報告不要	・法52条（溶接安全管理検査） ・施規79条，80条（検査の対象） ・報告規2条
所轄産業保安監督部長（電力安全課）	・選任したときは遅滞なく。 ・工事着手前の相当の期間に選任。	*5：300kW未満等の要件満たせば選任不要。 ・2005（平成17）年3月28日付内規で、主任技術者の選任、選任許可、兼務および外部委託の解釈が制定された。各要件によって条件が異なる。	・法43条（主任技術者の選任等） ・法44条（主任技術者の免状の種類） ・施規52，53，54，55条（選任等） ・施規56条（監督の範囲） ・経産省告示 249号，333号
・所轄経済産業局 ・複数設置している事業者であって、一又は複数を他の経済産業局の管轄区域内に設置している者：経済産業省資源エネルギー庁（電力基盤整備課電力供給室） ・沖縄県内のみに保有する者：内閣府沖縄総合事務局長名	接続後、遅滞なく	電気事業法の一部を改正する法律（平成25年11月20日に公布）において、「電力広域的運営推進機関」の創設のほか、卸供給事業者に対する供給命令権限の創設とともに、一定規模以上の自家用電気工作物を設置している事業者（特定自家用電気工作物設置者）に対する供給勧告を制度化した。本届出は、供給勧告を発出する対象者を把握することを主たる目的としている。	・施規様式第31の25
所轄消防長または消防署長	あらかじめ （火災予防条例による）	「工事整備対象設備等着工届出」（法17条の14，施規33条の18）と兼ねる。	・条例(例)44条（火を使用する設備等の設置の届出等）
所轄市町村長等または都道府県知事	着工前（着工は許可後）	・完成検査の合格をしていること。 ・指定数量：灯油：1,000L，A重油：2,000L ・指定数量未満の場合でも、火災予防条例に基づく規制あり。	・法10条（危険物の貯蔵・取扱の制限） ・法11条（危険物の許可） ・危令1条の11（危険物の指定数量） ・危令6，7条（設置、変更の許可申請） ・危規4，5条（申請書の様式・添付書類）
所轄消防長または消防署長	あらかじめ	各行政の火災予防条例の確認要す。	・法9条（危険物の貯蔵・取扱） ・条例(例)46条（指定数量未満危険物届出等）
所轄消防長または消防署長	着工の10日前まで	・届出義務違反に対する罰則がある。 ・各自治体で定める軽微な工事の場合着工届を省略できる。	・法17条（消防用設備等の設置）
所轄消防長または消防署長	完工後4日以内	2006（平成18）年4月1日から消防用の非常電源に燃料電池が加えられた。また、負荷投入まで40秒を超える場合でも蓄電池設備で補う条件で使用出来る（平成18年3月29日告示）。施規12条他関係。	・法17条（消防用設備等の設置） ・施規31の3（消防用設備等の届出及び検査）
所轄消防長または消防署長	着工前	・都市ガス単独供給の常用防災兼用設備の場合はガス供給系統評価審査に合格していること。 ・工事計画書の理由欄にその旨明記すること。	・施令32条（基準の特例）

法令等	届出書類	ガスエンジン	ディーゼルエンジン	ガスタービン	燃料電池	適用
消防法	圧縮アセチレンガス等の貯蔵又は取扱いの開始届出	○	○	○	○	予備及び補助燃料としてのLPGの貯蔵量が300kg以上の場合 アンモニアを200kg以上貯蔵する場合
	ガス供給系統評価申請	○	—	○	○	都市ガス単独供給による常用防災兼用ガス専焼発電設備を設置する場合
高圧ガス保安法	高圧ガス貯蔵所設置許可申請	○	—	○	○	LPG，CNG等の貯蔵量が 300m³以上 （LPGは10kgが1m³）
	特定高圧ガス消費届出	○	—	○	○	予備燃料としてのLPG，CNG等の高圧ガスを 300m³以上（LPGは10kgが1m³）を貯蔵し，消費する場合
建築基準法	建築確認申請	○	○	○	—	発電設備を建築基準法上で認められた防災負荷のための予備電源として用いる場合 高さが6m以上の煙突を設置する場合 木造以外の建築物で2以上の階数を有し，または延べ床面積が200m²を超えるものの建築
労働安全衛生法	排熱ボイラー設置届出（報告）	○	○	○	○	発電用以外で同法施行令で定義されたボイラー （小型ボイラーは設置報告）
	排熱ボイラー落成検査申請	○	○	○	○	ボイラーの設置および変更時（検査省略の場合もある）
	第一種圧力容器設置届出	○	○	○	○	同法施行令で定義された以下のいずれかの容器（簡易容器、小型圧力容器を除く。また以下は主要部抜粋している） ・容器内の液体の成分を分離するため、当該液体を加熱し、その蒸気を発生させる容器で容器内圧力が大気圧を超える ・大気圧において沸点をこえる温度の液体をその内部に保有する容器
	第一種圧力容器落成検査申請	○	○	○	○	第一種圧力容器の設置および変更時（検査省略の場合もある）
	第二種圧力容器設置	○	○	○	○	同法施行令で定義された容器（0.2MPa以上かつ0.04m³以上）を有する容器 内部に圧縮気体を保有するもの
	化学設備設置	○	○	○	○	可燃性液体（貯蔵量/1日使用量500L以上）や可燃性気体（同50m³以上（15℃、1気圧換算））等の貯槽を設置
	特定化学設備設置	○	○	○	○	アンモニア（含有重量比1%超）を取り扱う設備の設置
系統連系	連系に関する照会および申込	○	○	○	○	系統連系するにおいて、一般電気事業者と事前に協議するために必要な資料
公害関係	振動規制に関する届出	○	○	○	○	指定地域内に7.5kW以上の圧縮機などの設置、その他地方自治体の条例によるもの
	騒音規制に関する届出	○	○	○	○	指定地域内に7.5kW以上の空気圧縮機および送風機の設置、その他地方自治体の条例によるもの
	大気汚染防止に関する届出	○	○	○	○	ガスエンジン（重油換算35ℓ/h以上）、ガスタービン・燃料電池・ディーゼルエンジン（重油換算50ℓ/h以上）、その他地方自治体の条例によるもの
	有害物質貯蔵指定施設に関する届出	○	○	○	○	アンモニアの貯蔵
	公害防止協定	○	○	○	○	地方自治体と公害防止協定を締結している事業所に設置する場合
	固定内燃機関設置届出	○	○	○	○	地方自治体の指導対象となる設備
	ばい煙発生施設設置届出	○	○	○	○	地方自治体の指導対象となる設備

I コージェネレーション関連法規とその概要

届出先（窓口）	届出時期	備考	関連条項、その他
所轄消防長または消防署長	あらかじめ	高圧ガス保安法と関連する	・法9条の3（貯蔵，取扱） ・危令1条の10 （届出を要する物質の指定）
（一社）日本内燃力発電設備協会	着工前	所轄消防署と事前打合せ	・1973（昭和48）年消防庁告示第1号 〈参考〉 「ガス専焼発電設備用ガス供給系統評価規程」（内発協）
都道府県知事（計量保安課）	あらかじめ	第1種貯蔵所：1千m³以上、許可 第2種貯蔵所：3百m³以上1千m³未満、届出	・法16条～19条（貯蔵所） ・法20条（完成検査）
	消費開始の日の20日前まで	―	・法24条の2（特定高圧ガス消費届出）
所轄消防長または消防署長	確認申請前	建築主事確認前の消防同意必要の為。	・消防予第242号、第243号（確認等同意）
建築主事の確認後 都道府県知事（建築課）	着工前	・地方自治体の条例も確認要す。 ・（参考）容積率の緩和を適用（平成8年3月通達）する場合には建築確認申請前に許可申請要す。	・法6条（申請及び確認） ・法18条（確認の特例） ・施規1条の3、施規4条（様式）
所轄労働基準監督署長	設置届：工事開始の30日前まで （設置報告：遅滞なく）	・工場プロセスに蒸気を全量使う場合のみ本法該当ボイラ。蒸気流量の5割以上発電に用いる場合、電気事業法の運用。	・法第88条 ・ボイラー及び圧力容器安全規則 10条（ボイラー設置届）、14条（ボイラー落成検査）56条（第一圧力容器設置届）、59条（第一種圧力容器落成検査）、91条（設置報告） ・1990（平成2）年9月13日付労働省令第20号 ・災害防止関係：工事開始30日前までに「計画の届出」要（対象及び免除特例有）
	検査の1ヶ月前	―	
	設置届：工事開始の30日前まで	スチームアキュムレータ、フラッシュタンク、脱気器、蒸発器等	
	検査の1ヶ月前		
	不要（定期自主検査結果は3年間保存）	始動用エアータンク、昇圧用ガス圧縮機のスナッパ、スチームヘッダー等	
	当該工事の開始の日の30日前まで	可燃性液体（貯蔵量/1日使用量500L以上）や可燃性気体（同50m³以上（15℃、1気圧換算））等の貯槽	・安衛法88条 ・安衛則86条
	当該工事の開始の日の30日前まで	脱硝用アンモニア等、特定価格物質障害予防規則の規制を受ける物質を取り扱う設備を	・安衛法88条 ・安衛則85条，86条
電力会社（支店または支社）	計画段階	・出来るだけ早い段階で問合せ ・協議内容を要約し、合意書を作成する。	〈参考〉「電気設備の技術基準の解釈」 「電力品質確保に係る系統連系技術要件ガイドライン」
〈届出等の規定は電気事業法に移管〉 所轄産業保安監督部長（電力安全課）	着工の30日前まで 工事計画（変更）届出に添えて提出（「公害の防止に関する工事計画書」）	・始動用空気圧縮機（7.5kW以上） ・昇圧用ガス圧縮機（7.5kW以上）	・振動規制法 第2条、第18条 施行令第1条 ・各地方自治体の指導要綱
		・始動用空気圧縮機（7.5kW以上） ・機械室吸排気ファン等（7.5kW以上）	・騒音規制法 第2条、第21条 ・各地方自治体の指導要綱
		―	・大気汚染防止法 第2条，第27条 施行令第2条・環大企第5号（1971（昭和46）年8月25日） ・各地方自治体の指導要綱
		アンモニア貯蔵設備	・水質汚濁防止法 第2条、第5条 ・各地方自治体の指導要綱
地方自治体の長（公害担当）	あらかじめ	締結内容に準ずる（総量規制等）。	―
地方自治体の長（公害担当）	着工の60日前まで	―	・大気汚染防止法第6条，10条 ・各地方自治体の指導要綱
地方自治体の長（公害担当）	着工の60日前まで	―	・大気汚染防止法第6条，10条 ・各地方自治体の指導要綱

II コージェネレーション関連法規の解説

II.1 電気事業法
II.1.1 電気事業法とコージェネ

　発電設備を設置し、また安全に運用するためには第Ⅰ章で示した種々の関連法規を遵守することが必要であるが、その中でも主要な位置づけにあるのは電気事業法である。

　電気事業法（以下、法）は、「電気工作物の工事、維持及び運用を規制することによって公共の安全を確保し、環境の保全を図ることを目的」としている（法第1条）。この法の規制によって、電気の供給及び使用による危険や障害の防止が図られていることを十分認識した上で、コージェネ導入の計画を行う必要がある。

　発電設備は、電気事業法において「電気工作物」に該当するが、それを分類すると次のように示される。

　本書で解説の中心となる工場やビル等に導入されるコージェネは基本的に「自家用電気工作物」としての扱いを受け、また、電気事業を行うものについてはその用途における「事業用電気工作物」の適用を受ける。なお、出力10kW未満の内燃機関や燃料電池等の小出力発電設備は「一般用電気工作物」と定義されており（法第38条）、事業用電気工作物に比較して安全性の高いものである為に、電気事業法の本節とは別に第3節において技術基準適合命令等が規定されている（法第56条～法第57条の2）。

II.1.2 コージェネの保安体系

　前項で電気事業法の趣旨は「規制」と記述したが、その法の目的のとおり、それは「保安のための規制」と言える。コージェネが属する事業用電気工作物の保安については、2000年7月に一部の発電設備及び一部の規模を除き、原則として自主保安体制に移行するとともに、認可制から届出制に変わる大幅な改正が行われた。

　コージェネの保安については、自主保安に委ねられているものと国が直接監督するものにより成り立っているが、保安上設置者に課せられている義務の中で主なものは次のとおりである。

(1) 電気工作物を技術基準に適合するように維持する義務
(2) 電気工作物の工事、維持及び運用に関する保安を確保するため、保安規程を定め、経済産業大臣に届出をし、遵守する義務
(3) 電気工作物の工事、維持及び運用に関する保安の監督をさせるため、主任技術者を選任し、経済産業大臣に届出をする義務
(4) 一定規模以上の電気工作物の設置又は変更の工事をする場合に、その工事の計画について届出をする義務
(5) 電気事故が発生した場合その他の報告をする義務

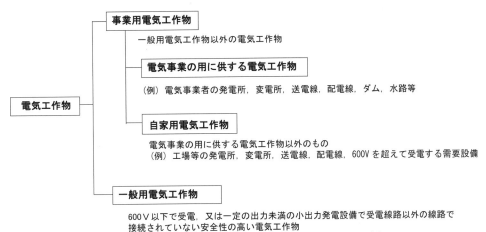

図2.1　電気工作物の分類

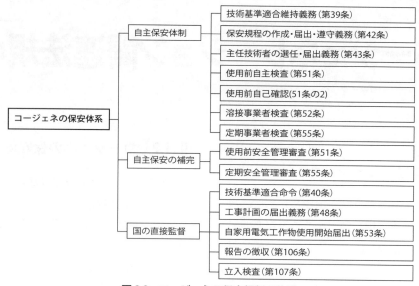

図 2.2　コージェネの保安規制の体系

次に、現在の事業用電気工作物としてのコージェネの電気事業法上の保安規制の体系を図 2.2 に示す。

Ⅱ.1.3　コージェネの設置・運転に係る法規・規制

前項までコージェネ設置に関する電気事業法の位置づけを記述したが、本項では必要な手続きの流れを示す。

Ⅱ.1.3.1　コージェネの使用開始までに必要な手続きの流れ

コージェネを設置する場合、経済産業大臣または所轄産業保安監督部長に「工事計画」、「主任技術者の選任」等、「保安規程」を作成し、届出ることがコージェネ設置に向けた実務開始の第 1 歩となる。

図 2.3 に工事の計画から使用開始までの手続きの流れを示す。

Ⅱ.1.3.2　手続きの概要

コージェネ設置に係る電気事業法上の手続きにおいては、「工事計画（変更）届出」、「主任技術者の選任」等及び「保安規程」が経済産業省への主な届出事項であり、これを所轄産業保安監督部に提出する。また、

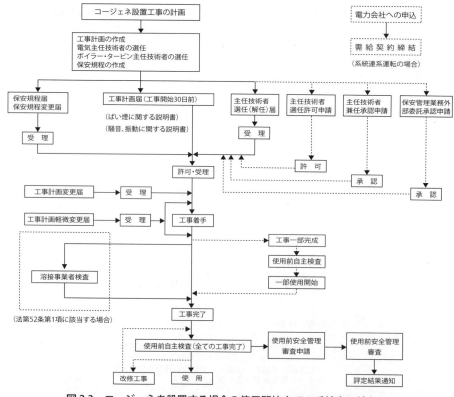

図 2.3　コージェネを設置する場合の使用開始までの手続きの流れ

事業者が行う事項としては法定自主検査である使用前自主検査、溶接事業者検査そして定期事業者検査と合わせて実施する「安全管理審査」及び定期報告や事故報告などの「電気関係の報告」に関するもの等がある。なお、安全管理審査業務は一般の法人にも門戸が開かれており、「経済産業大臣の登録を受けた者」がその業務を行うことが出来る（法第51条、第55条）。

II.1.4　工事計画

> ＜工事計画＞
> 第48条　事業用電気工作物の設置又は変更の工事であって、主務省令で定めるものをしようとする者は、その工事の計画を主務大臣に届け出なければならない。その工事の計画の変更（主務省令で定める軽微なものを除く。）をしようとするときも、同様とする。

　一定規模以上のコージェネを設置しようとする場合、経済産業大臣に工事計画（変更）の認可申請・届出が必要とされていたが、2000年7月の改正における認可制の廃止に伴い原則届出になった。現行法では認可を要する工事計画届出は、原子力発電所や「公共の安全の確保上特に重要なもの」等の特別な発電所に限られている（法第47条）。

II.1.4.1　工事計画届出を要する設備・規模及び環境関連法との関係

　コージェネ設置の工事に係る届出を要する設備、規模等を表2.1に示す。なお、「変更の工事」に関しては、項目も細部並びに多岐にわたるため、本書での掲載は割愛する。必要に応じ、電気事業法施行規則（以下、施規）第62条、第65条関係別表第2を確認願う。

　但し、上記の届出対象に満たない設備であっても、公害発生施設に該当する電気工作物（施規別表第4）は、環境保全関連法において、電気事業法にその規定が委ねられているため、「公害防止に関する工事計画書」を合わせて届け出ることが必要となる（電気関係報告規則第4条）。対象となる主な設備は次のとおりとなり、除外事項を表2.2に示す。

(1) ばい煙発生施設（大気汚染防止法第2条第2項、施行令第2条・別表第1）

- ディーゼルエンジン、ガスタービン、燃料電池改質器（ガス発生炉）：燃料の燃焼能力が重油換算1時間当たり50ℓ以上であるもの
- ガスエンジン：燃料の燃焼能力が重油換算1時間当たり35ℓ以上であるもの

> ＜参考＞　気体燃料を重油に換算する方法
> 　重油換算量（ℓ/h）＝換算係数×気体燃料の燃焼能力（m³N/h）
> 　換算係数＝気体燃料の発熱量（J/m³N）／重油の発熱量（J/ℓ）
> ただし、上式の気体燃料の発熱量は総発熱量を用いることとし、重油の発熱量、対象になるコージェネの発電出力の規模については4.2.2項を参照のこと。

(2) 騒音に係る特定施設（騒音規制法第2条、施行令第1条・別表第1）

　工場又は事業場に設置され、著しい騒音を発生する施設で、以下のものが政令で定められている。

　設備に付帯する補機で、空気圧縮機及び送風機の原動機の定格出力が7.5kW以上のもの（内燃機関の始動に圧縮空気を用いる場合の空気圧縮機、電気室用の換気ファン等）

(3) 振動に係る特定施設（振動規制法第2条、施行令第1条・別表第1）

　工場又は事業場に設置され、著しい振動を発生する施設で、以下のものが政令で定められている。

　設備に付帯する補機で、圧縮機の原動機の定格出力が7.5kW以上のもの（内燃機関の始動に圧縮空気を用いる場合の空気圧縮機、ガスタービンの燃料ガス圧縮機等）

(4) 有害物質貯蔵に係る指定施設（水質汚濁防止法第2条）

　有害物質を貯蔵する施設で、有害物質を含む水が地下に浸透するおそれがあるものとして政令で定めるもの

　なお、上記以外で工事計画届出の対象となる場合については、II.1.4.3で改めて解説する。

II.1.4.2　工事計画（変更）届出に関する手続き

　次に工事計画に関する図面、計画書、説明書等の添付書類の例を示す。

表2.1　届出対象の発電設備

（施規第65条別表第2）

発電設備	届出対象範囲	届出先
ガスエンジン	10,000kW以上	所轄産業保安監督部長
ディーゼルエンジン	10,000kW以上	
ガスタービン	1,000kW以上	
燃料電池	500kW以上（使用前自己確認の対象を除く）	経済産業大臣：元本 所轄産業保安監督部長：写し1通

表2.2 公害発生施設ごと環境関連法除外事項

公害発生施設	環境関連法	除外条項の内容 (電気事業法に委ねられる事項)
ばい煙発生施設	大気汚染防止法第27条	設置の届出、変更の届出 計画変更命令、実施の制限等
騒音に係る特定施設	騒音規制法第21条	設置の届出、変更の届出 計画変更勧告、改善勧告・命令等
振動に係る特定施設	振動規制法第18条	同上
有害物質使用特定施設	水質汚泥防止法第23条	設置の届出、変更の届出 計画変更命令、実施の制限等

(1) 発電所に係るもの
① 送電関係一覧図
② 特定対象事業に係るものの配置図、説明書
③ 環境影響評価法の措置に関する説明書
④ ばい煙に関する説明書(ばい煙発生施設(燃料の燃焼能力が重油換算1時間あたり50ℓ以上のボイラー、バーナー、ガスタービン、ディーゼル機関あるいは同35ℓ以上のガス機関、ガソリン機関)がある場合)
⑤ 騒音に関する説明書(特定施設(原動機の出力が7.5kW以上の空気圧縮機及び送風機)がある場合)
⑥ 振動に関する説明書(特定施設(原動機の出力が7.5kW以上の空気圧縮機)がある場合)
⑦ ダイオキシン類対策特別措置法に関する説明書
⑧ 急傾斜地の崩壊の防止措置に関する説明書
⑨ 発電所の概要を明示した地形図(水力発電所の場合は、各設備の縮尺5万分の1以上の地形図)
⑩ 主要設備の配置の状況を明示した平面図及び断面図(構内図を含む。水力発電所の場合は、各設備の主要寸法を記載すること。)
⑪ 単線結線図(接地線(計器用変成器を除く。)については電線の種類、太さ及び接地の種類も併せて記載すること。)
⑫ 新技術の内容を十分に説明した書類
(2) ガスタービンに係るもの
① ガスタービンの構造図
② 制御方法に関する説明書
③ ガスタービンに附属する管の配置の概要を明示した図面
④ 電力貯蔵方式に関する説明書
(3) 燃料設備に係るもの燃料系統図
(4) ばい煙処理設備に係るものばい煙処理設備の構造図(該当する場合)
(5) 電気設備に係るもの
① 三相短絡容量計算書(遮断器)
② 短絡強度計算書(発電機、変圧器)
③ 逆変換装置の用途に関する説明書
④ 電力貯蔵方式に関する説明書
(6) 附帯設備に係るもの制御方法に関する説明書
(7) 環境関連に係るもの

次に、工事計画(変更)届出に関する手続きについて、注意を要する事項を示す。

(1) 設備の種類及び容量に基づいて、工事着工30日前までに「工事計画届出書」に必要書類(工事計画書、工事計画に関係する図面・計算書等、工事工程表など)を添付して所轄産業保安監督部長(燃料電池は経済産業大臣)宛に提出しなければならない。なお、届出に添付すべき書類のうち、経済産業大臣又は所轄産業保安監督部長が添付することを要しない旨の指示をしたものについては、添付の必要はない。

(2) 工事計画の届出が受理された後、それが完成するまでの間に設計等の変更により工事計画を変更しようとする場合は、その工事について変更を届け出ることが必要である。

(3) 工事計画届出後30日以内は国が技術基準適合性を判断する期間とされており、工事の着手が出来ないことになっている(法第48条第2項)。しかし、同第3項でその緩和条件が規定されており、30日以内であっても技術基準に適合していること等の条件を満たしていれば、認可の上、着工できる。なお、国が審査に時間を要する場合はその期間を延長できるとされている(同第5項)ので、計画の策定においては慎重を期す必要がある。

(4) 特例であるが、工事計画の全部が未完成の状況にある場合、部分着工を行わないと工期に支障が生じる場合は、分割して申請又は届出ることも場合によっては可能である。

(5) 常用防災兼用発電設備を設置する場合には、工事計画書の「設置を必要とする理由書」にその旨を明記する。

(6) 発電事業への新規参入者の増加や再生可能エネ

ルギー発電設備の普及などの状況変化によって、様々な形態がとられるようになってきたことから、同一発電所に該当するか否かの判断が難しい事例が散見し、同一発電所に該当するか否か及び同一工事に該当するか否かの判断の目安が示された。

①同一発電所の目安
・同一構内又は設備の近接性
・管理の一体性
・設備の結合性

②同一工事の目安
・工事に連続性が認められる
・比較的短期間に行われる

設置形態や工事形態が多種多様であるため、個別事例は所轄の経済保安監督部等又は経済産業省電力安全課に問合せることが望ましい。

(7) コージェネ等発電設備におけるガスタービンの取替工事に関して、技術基準に適合していることが明らかである場合等については、審査期間が必ずしも30日も必要でないため、着工までの期間の短縮を認めている。

①同一仕様、同一材料の設備の取替工事
②廃止した発電設備の再稼働

事故履歴や技術基準の改訂により短縮できない場合もある。

II.1.4.3　工事計画届出に係る公害防止対象施設

II.1.4.1において、コージェネを設置する場合に届出が必要となる公害防止対象設備について示したが、本項ではその届出を要する場合の細目を示す（電気関係報告規則第4条関連）。

(1) ばい煙発生施設（燃料の燃焼能力が1時間当たり50ℓ（重油換算）以上のガスタービン又はディーゼルエンジン、燃料の燃焼能力が1時間当たり35ℓ（重油換算）以上のガスエンジンなど）

① ばい煙発生施設に該当する電気工作物の使用の方法であって、ばい煙量、ばい煙濃度若しくは煙突の有効高さに係るものを変更する場合
② 現に設置している電気工作物がばい煙発生施設となった場合において、ばい煙を大気中に排出する場合
③ 設置する者の氏名又は住所（法人にあっては名称、代表者の氏名若しくは住所又は事業場の名称若しくは所在地）に変更があった場合
④ ばい煙発生施設を廃止した場合
⑤ ばい煙発生施設又は特定施設に該当する電気工作物について故障、破損その他の事故が発生し、ばい煙又は特定物質が大気中に多量に排出された場合

(2) 騒音発生施設（指定地域内に設置する定格出力7.5kW以上の空気圧縮機、送風機）

① 騒音発生施設に該当する電気工作物を設置する発電所若しくは変電所、開閉所若しくはこれらに準ずる場所の設置の場所が指定地域となった場合又は指定地域内に設置される発電所若しくは変電所、開閉所若しくはこれらに準ずる場所の電気工作物が特定施設となった場合
② 設置する者の氏名又は住所（法人にあっては名称、代表者の氏名若しくは住所又は事業場の名称若しくは所在地）に変更があった場合
③ 騒音発生施設を廃止した場合

(3) 振動発生施設（指定地域内に設置する定格出力7.5kW以上の圧縮機）

① 指定地域に設置された発電所又は変電所、開閉所若しくはこれらに準ずる場所の電気工作物であって、振動発生施設に該当するものの使用の方法を変更する場合（当該変更が電気工作物の使用開始時刻の繰上げ又は使用終了時刻の繰下げを伴わない場合を除く。）
② 振動発生施設に該当する電気工作物を設置する発電所若しくは変電所、開閉所若しくはこれらに準ずる場所の設置の場所が指定地域となった場合又は指定地域内に設置される発電所若しくは変電所、開閉所若しくはこれらに準ずる場所の電気工作物が特定施設となった場合
③ 設置する者の氏名又は住所（法人にあっては名称、代表者の氏名若しくは住所又は事業場の名称若しくは所在地）に変更があった場合
④ 振動発生施設を廃止した場合

(4) 一般粉じん発生施設（面積が1,000㎡以上の貯炭場、ベルトの幅が75cm以上の運炭機など）

（内容省略）

(5) 水質汚濁防止法に規定する特定施設（石炭を燃料とする火力発電施設のうち、廃ガス洗浄施設）

（内容省略）

(6) 水質汚濁防止法に規定する有害物質貯蔵に係る指定施設（有害物質を貯蔵する施設で、有害物質を含む水が地下に浸透するおそれがあるものとして政令で定める場合）

（内容省略）

(7) ダイオキシン類対策特別措置法に規定する特定施設（火床面積が0.5㎡以上又は焼却能力が1時間当たり50kg以上の発電の用に供する廃棄物焼却炉など）

（内容省略）

II.1.5　主任技術者

主任技術者の選任、届出義務等は、次のとおり規定されている。

> **＜主任技術者＞**
> 第43条　事業用電気工作物を設置する者は、事業用電気工作物の工事、維持及び運用に関する保安の監督をさせるため主務省令で定めるところにより、主任技術者免状の交付を受けている者のうちから、主任技術者を選任しなければならない。
> 2　自家用電気工作物を設置する者は、前項の規定にかかわらず、主務大臣の許可を受けて、主任技術者免状の交付を受けていない者を主任技術者として選任することができる。
> 3　事業用電気工作物を設置する者は、主任技術者を選任したとき（前項の許可を受けて選任した場合を除く。）は、遅滞なく、その旨を主務大臣に届け出なければならない。これを解任したときも、同様とする。
> 4　主任技術者は、事業用電気工作物の工事、維持及び運用に関する保安の監督の職務を誠実に行わなければならない。
> 5　事業用電気工作物の工事、維持又は運用に従事する者は、主任技術者がその保安のためにする指示に従わなければならない。

主任技術者は、保安規程（II.1.6）に定められる電気工作物の工事、維持及び運用に関する一切の保安を委ねられており、責任の重い立場と言える。従って、社内的にも十分管理・監督出来る地位にあり、必要に応じて指示命令等を行える者が選任されなければならない。

II.1.5.1　主任技術者の選任

主任技術者の選任は、下表の右欄に掲げる者のうちから行うものとする。

＜電気主任技術者＞　　　　　　　　（施規第52条、第1表）

発電設備	主任技術者の要件
内燃力	第1種、第2種又は第3種電気主任技術者免状の交付を受けている者
小型ガスタービン（告示で定めるもの）	
ガスタービン	
燃料電池	

＜ボイラー・タービン主任技術者＞

発電設備	主任技術者の要件
内燃力	（不要）
小型ガスタービン（告示で定めるもの）	
ガスタービン	第1種又は第2種のそれぞれのボイラー・タービン主任技術者免状の交付を受けている者
燃料電池	

＊詳細はIII.1.1参照。
＊燃料電池については、改質器の最高使用圧力98kPa未満のものは不要。
＊小型ガスタービンについては、出力300kW未満の他、条件を満たすものであれば不選任が認められている。

> **＜参考＞**
> 第4条　電気事業法施行規則第52条第1項の表第二号及び第六号の小型のガスタービンを原動力とする火力発電所は、当該火力発電所を構成する火力設備の全てが次に掲げる要件のいずれにも該当するものとする。
> 一　発電機と接続して得られる電気の出力が300kW未満のもの
> 三　最高使用温度が1,400度未満のもの
> 四　発電機と一体のものとして一の筐体に収められているものその他の一体のものとして設置されるもの。ただし、燃料設備及びばい煙処理設備について
> 五　ガスタービンの損壊その他の事故が発生した場合においても、当該事故に伴って生じた破片が当該設備の外部に飛散しない構造を有するもの
> 第7条　電気事業法施行規則第56条の表第六号及び第七号の小型ガスタービンを原動力とする火力設備は、第4条各号に掲げる要件のいずれにも該当するものとする。

II.1.5.2　主任技術者選任の考え方

2013年に新たに「主任技術者制度の解釈及び運用（内規）」が改定された。これにより、ボイラー・タービン主任技術者の選任の要件に200kW未満が追加され、また、高圧一括受電するマンションの保安管理についての規定が追加され、小出力（100kW以下）の温泉による発電設備用のボイラー・タービン主任技術者の選任要件の新設などがされた。

次にその概要をまとめるが、主任技術者の選任には「届出」、「選任許可」、「外部委託承認」、「兼任承認」の4つの方法がある。

(1) 有資格者を選任する場合（法第43条第1項、施規第55条選任届）

原則として、主任技術者は当該電気工作物を設置する者（「設置者」）又はその役員若しくは従業員でなければならない。ただし、一定の要件を満たす派遣労働者であって選任する事業場に常時勤務する者、あるいは保安の監督に係る業務の委託を受けている者（「受託者」）又はその役員若しくは従業員であって、選任する事業場に常時勤務する者でも選任が可能である。

なお、電気工作物の維持管理の主体であって、技術基準を確実に維持する者が受託者となる場合は、その受託者を「みなし設置者」として選任等について「設置者」と同等に取り扱われる。

(2) 有資格者以外の者を選任する場合（法第43条第2項、施規第54条・選任許可申請）

当該電気工作物を設置する者又はその従業員で有資格者以外の者の場合は、経済産業大臣（または産業保安監督部長）の許可を要する。許可後の改めての選任届出提出は必要としない。

なお、この許可を受けた主任技術者は当該事業場の電気工作物に限って認められる為、その者が他の事業場に転勤、転職して再び主任技術者になるときは、改めてその事業場に対しての許可を受けなければならな

い。また、電気工作物の規模や内容の著しい変更があった場合は、その許可が取消される場合がある。

（3）主任技術者を外部に委託する場合場合（施規第52条第2項、第53条・保安管理業務外部委託承認申請、2003（平成15）年経済産業省告示第249号）

電気事業法施行規則に定める要件（有資格者等）に該当する個人又は法人と工事、維持及び運用に関する保安の監督に係る業務の委託契約を行い、所轄の産業保安監督部長の承認を受けた場合は、事業者自ら主任技術者を選任しなくてもよい。その事業場の条件は次のとおりである。

・出力2,000kW未満の発電所、但し、燃料電池発電設備については1,000kW未満
・受電電圧7kV以下の需要設備

この場合、事業者には委託契約を行った者に対して定期的に点検を行わせること、保安業務担当者を明確にすること、委託先への連絡責任者の選任や委託先の主たる連絡先の場所が2時間以内であること等が求められている。なお、年次点検については原則として1年に1回、停電により設備を停止状態にして行う点検の実施を定めているが、信頼性が高く、必要に応じた測定・試験と同等と認められる点検が1年に1回以上行われている機器については、停電点検を3年に1回以上の頻度で実施する要件が明確化されている。

（4）他の事業場に選任されている者を選任する場合（施規第52条第4項、第53条の2・兼任承認申請）

施規第52条第4項で、主任技術者は2以上の事業場又は設備の主任技術者を兼ねることはできないと規定してあるが、そのただし書きとして、保安上の支障がなく経済産業大臣（または所轄産業保安監督部長）の承認を受けた場合はこの限りでない、とされている。

表2.3 主任技術者の選任

	主任技術者の対象	発電所の規模	選任する主任技術者	主任技術者免状要否	必要書類	備考
届出	ボイラー・タービン	300kW以上	発電所に常駐する者または、直接統括する発電所に常駐する者（条件有り）	要	選任届出（大臣または産業保安監督部長宛）	・常勤派遣社員、受託者も可 ・条件有り
	電気	10kW以上				
選任許可	ボイラー・タービン	小型の汽力を原動機とする出力100kW以下 200kW未満かつ1,000kPa未満かつ最大蒸発量4t/h未満、 5,000kW未満かつ1,470kPa未満、 2,940kPa未満、 5,880kPa未満、 5,880kPa以上	同上	否	選任許可申請（大臣または産業保安監督部長宛）	・種々の条件有 ・要件有り ・受託者も可
	電気	10kW以上 500kW未満				
外部委託承認	ボイラー・タービン	—	—	—	—	—
	電気	10kW以上 2,000kW未満 （燃料電池は1,000kW未満）	個人または法人への委託	要	保安管理業務外部委託申請（大臣または産業保安監督部長宛）	・種々の条件有 ・連絡責任者選任 ・受託者も可 ・2時間以内の到着
兼任承認	ボイラー・タービン	10,000kW以上	他の事業場の主任技術者に選任されている者	要	兼任承認申請（大臣または産業保安監督部長宛）	・常時勤務する事業場から30分以内に到着 ・連絡責任者選任 ・受託者も可 ・兼任させる設備は2以下
	電気	10kW以上 2,000kW未満				・兼任させる設備は5以下 ・2時間以内に到着 ・連絡責任者選任 ほか ・受託者も可

・電気事業法第43条　・同施行規則第52条〜第55条
・「主任技術者制度の解釈及び運用（内規）」（2013年1月28日20130107商局第2号、改正平2017年8月24日　20170809保局第2号）

これにより、主任技術者として選任された者は一定数の事業場の主任技術者を兼ねることができる。なお、兼任する事業場は親会社や子会社であっても認められる。また、ボイラー・タービン主任技術者を兼任させようとする場合は、兼任させようとする者が第1種又は第2種ボイラー・タービン主任技術者免状の交付を受けている者であって、2ヶ所以下（兼任する事業場が既に選任されているものと同一又は隣接する構内である場合は除かれる）とされ、常時勤務する事業場から30分以内に到着できるところにある事に合わせて、連絡責任者の選任が定められている。

上述の概要を一覧として表2.3にまとめた。
注）以上の本項の記述はあくまで概要であるため、実際に主任技術者を選任する場合は条文を参照、検討した上で、前もって所轄の産業保安監督部電力安全課と十分な打ち合わせをする必要がある。

II.1.5.3 主任技術者の選任の時期

主任技術者の選任の時期は、主任技術者の職務から勘案して、工事に関する保安の監督を行う時期に選任するとも理解されるが、一般的には現場の工作物の工事に着手する時点という考え方で解釈されている。しかしながら、工事に着手する時点では既に工事に係る監督を必要としていることは明らかであるので、工事着手前の計画等の段階から前もって選任しておく必要がある。

II.1.6 保安規程

コージェネの設置においては、設備の工事、維持、運用に関する保安を確保するため、保安規程を定め、経済産業大臣に届出なければならない。

```
＜保安規程＞
第42条　事業用電気工作物を設置する者は、事業用電気
    工作物の工事、維持及び運用に関する保安を確保するため、
    主務省令で定めるところにより、保安を一体的に確保す
    ることが必要な事業用電気工作物の組織ごとに保安規程
    を定め、当該組織における事業用電気工作物の使用（第
    51条第1項の自主検査又は第52条第1項の事業者検査
    を伴うものにあっては、その工事）の開始前に主務大臣
    に届け出なければならない。
2   事業用電気工作物を設置する者は、保安規程を変更した
    ときは、遅滞なく、変更した事項を経済産業大臣に届け
    出なければならない。
3   主務大臣は、事業用電気工作物の工事、維持及び運用に
    関する保安を確保するため必要があると認めるときは、
    事業用電気工作物を設置する者に対し、保安規程を変更
    すべきことを命ずることができる。
4   事業用電気工作物を設置する者及びその従業者は、保安
    規程を守らなければならない。
```

（注）第51条は使用前自主検査及び安全管理審査、第51条の2は使用前自己確認、第52条は溶接事業者検査を規定している。

コージェネの設置に関しては、設置する者の自主保安に委ねられるべく法の改正が成されているが、その保安を確保する為に、国はコージェネを設置する者に対して保安規程の作成を義務づけている。

II.1.6.1 保安規程の内容

保安規程は、設置者がそれぞれの事業場の実態に合わせて、また、保安業務の運営の実態に即して自主的に作成されるものであり、保安の確保が図られるよう主任技術者を中心とした電気工作物の保安業務の組織体制、指揮命令系統等を明確にしておくものである。

施規第50条に保安規程に記すべき内容の記述があるので、次に示す。

```
＜保安規程に記すべき内容＞　（施規第50条抜粋・補足）
1．電気工作物の工事、維持又は運用に関する業務を管理す
  る職務及び組織に関すること。
2．電気工作物の工事、維持又は運用に従事する者に対する
  保安教育に関すること。
3．電気工作物の工事、維持又は運用に関する保安のための
  巡視、点検及び検査に関すること。
4．電気工作物の運転又は操作に関すること。
5．発電所の運転を相当期間停止する場合における保全の方
  法に関すること。
6．災害その他非常の場合に採るべき措置に関すること。
7．電気工作物の工事、維持及び運用に関する保安について
  の記録に関すること。
8．電気工作物の法定事業者検査又は使用前自己確認に係る
  実施体制及び記録の保存に関すること。
  （注：　法定事業者検査とは、使用前自主検査、溶接事業者
  検査又は定期事業者検査を総称している。）
9．その他電気工作物の工事、維持及び運用に関する保安に
  関し必要な事項。
```

上記の規程を基に、保安規程の作成において、記すべき具体的な基本事項を次に掲げる。

（1）総則的事項：規程作成の目的、適用範囲、効力、規程の改正等の事項
（2）保安管理業務の組織：保安業務の分掌、保安業務を管理する者の職務権限、主任技術者の職務、主任技術者の地位及び配置、保安業務の指揮命令系統及び保安職務員の配置、主任技術者の解任、主任技術者の不在時の措置等
（3）保安業務の具体的事項：保安教育及び保安に関する訓練、工事計画の立案及びその実施、巡視、点検及び検査、運転又は操作、発電所の長期停止時の措置、防災体制、記録、危険の表示、測定器具類及び保安関係図書の整備等

なお、保安規程の作成例は、「自家用電気工作物必携I（法規手続篇）文一総合出版」に詳しく示されている。

II.1.6.2　保安規程の作成単位

保安規程作成の目的と主任技術者の職務との関連を鑑みると、原則として主任技術者を選任すべき事業場の単位ごとに保安規程が定められていなければならない。なお、2以上の産業保安監督部の所轄地域に事業場又は設備を有する者が運用上単一の保安規程を作成する場合、その監督者は産業保安監督部長ではなく、経済産業大臣になる。

II.1.6.3　保安規程の届出時期と手続き

法定事業者検査（使用前自主検査、溶接事業者検査若しくは定期事業者検査）又は使用前自己確認を実施するもの、即ち、工事計画の届出を行った工作物の工事については、その工事の開始前が保安規程届出の時期となる。それ以外のもの、即ち、内燃力を原動機とする火力発電所は使用開始前が届出の時期である。

自家用電気工作物に関する官庁手続きにおいて、申請、届出の提出先は、ほとんどが経済産業大臣から産業保安監督部長に委任されているので、通常の場合、書類の提出は所轄の産業保安監督部長宛となっている（施行令第9条）。

ただし、電気工作物が送電線路、配電線路等により連系され、管轄する産業保安監督部が2部以上にわたる場合及び2部以上にわたって事業場が設置され、その保安規程が一括して作成されている場合は、工事計画、主任技術者、保安規程等の手続きは、経済産業大臣宛に行うことになる。

II.1.6.4　保安規程の変更

法第42条第2項に示されているが、保安規程を変更した時は遅滞なく変更した事項を経済産業大臣に届け出なければならない。なお、字句の訂正や表現の相違、細則又は心得など、実質的に保安業務に対して影響を及ぼさないような軽微な事項が保安規程に記載されていても変更の届出は必要ない。

II.1.7　安全管理検査制度

電気工作物に係る安全確保システムは、1964（昭和39）年に制定された電気事業法を中心とし、電気工作物そのものの技術基準適合性を設置者に義務付けるとともに、工事計画の審査、使用前検査、運転開始後の定期検査といった多段階にわたる確認をとりいれた仕組みとなっている。その後、電気事業法は、審査や検査といった国が直接関与する範囲を大幅に縮小し、自己責任原則を重視した安全規制の合理化等を基本方針とした規制の見直しを行っている。具体的には、設置者等による自主的な保安確保を前提に、工程中検査や定期検査について、記録による確認を大幅に取り入れる等の改正を行った。最近では、2017（平成29）年4月の改正で、溶接安全管理審査が使用前・定期安全管理審査に統合されている。

ここでは、コージェネを設置するにあたり、安全を確保するための基本的な理念である「火力発電設備に係る安全管理検査制度」について説明する。

II.1.7.1　安全管理検査制度の概要

設置者には自ら技術基準が適合していることの確認及び検査、記録の作成や保存が義務づけられ（以下「法定事業者検査」と略称する）、更に自主検査の実施に係る体制について国が登録した安全管理審査機関が行う審査（「安全管理審査」）を受審することが原則として、義務付けられている。

安全管理検査には次の3種類があり、それぞれ「法定事業者検査」とその後に行う「安全管理審査」との組み合わせとなっている。

(1) 使用前安全管理検査＝使用前自主検査＋使用前安全管理審査
(2) 溶接安全管理検査　＝溶接事業者検査＋使用前/定期安全管理審査時に確認　または溶接事業者検査年報で報告
(3) 定期安全管理検査　＝定期事業者検査＋定期安全管理審査

（法第51条(使用前安全管理検査)、第52条(溶接事業者検査)、第55条(定期安全管理検査)）

なお、500kW以上2,000kW未満の燃料電池発電所であって、施行規則別表第六に該当する場合には、使用前安全管理検査ではなく、使用前自己確認に代替され、下記となる。

(1) 使用前自己確認＋結果届出(法第51条の2(使用前自己確認))

II.1.7.2　安全管理審査制度の流れ

安全管理審査（使用前：法第51条、定期：法第55条）の流れは、概ね以下の様になる（図2.4）。

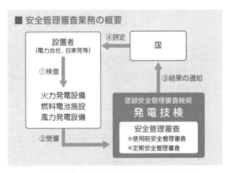

図2.4　安全管理審査業務の概要
出典：（一財）発電設備技術検査協会　HP

(1) 安全管理審査申請
　（使用前：施規第73条の7、定期：施規第94条の6）
　安全管理審査は火力発電設備の場合、原則、登録安全管理審査機関で受審することになるので、その場合、審査機関に審査申請書を提出することとなる。（使用前：法第51条第4項、定期：法第55条第4項）

【参考情報】
　登録安全管理審査機関の一つである、(一財)発電設備技術検査協会のホームページに手引きが公開されている。
・使用前安全管理審査申請の手引き
・定期安全管理審査申請の手引き

(2) 安全管理審査の実施　（使用前：施規第73条の6、定期：施規第94条の5）
(3) 登録安全管理審査機関より国への通知（法第51条第5項）
(4) 評定結果の通知（法第51条第6項、第7項）

　安全管理審査は、設置者の法定事業者検査実施体制について、国が定めた審査基準への適合性を審査するものであり、その審査結果に基づいて国が設置者の検査実施体制を総合的に評定し、その結果を設置者に通知する。設置者は、評定結果に応じて定期事業者検査と安全管理審査の両方の頻度の軽減が受けられる。

　具体的には、直近の使用前安全管理審査や定期安全管理審査での通知において法定事業者検査の実施につき十分な体制（「継続的な法定事業者検査実施体制」ともいう）がとられていると評定された組織（設置者）が法定事業者検査を行う場合、通常なら法定事業者検査を行う時期に安全管理審査を受審しなければならないところが、前回の通知を受けた日から定められた期間を超えない時期までに次回の安全管理審査を受審すれば良いことになる。

　このように設置者がより良い品質管理活動や検査活動等を行うことにより安全管理審査の頻度が軽減され、設置者はより効率的な運用が行えることから、これらの活動を設置者が積極的に行うことを促す規制（インセンティブ規制）と言われている。

　なお、2011年4月の改正により、従来は発電所ごとの検査実施体制により安全管理審査を行ってきたものが、複数の発電所において共通のマニュアル、手順書等を策定し、各発電所が共通のマニュアル、手順書等に従い安全管理審査を受審できるようになった（図2.5）。

【関連通達】
使用前・定期安全管理審査実施要領(内規)について(20170323商局第3号、2017（平成29）年3月31日)

II.1.8　使用前自主検査／使用前自己確認

　電気事業法では、コージェネなどの事業用電気工作

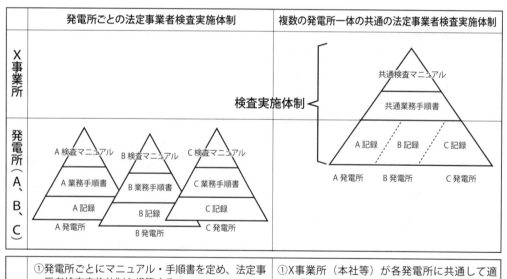

図2.5　発電所ごとの法定事業者検査実施体制と複数の発電所一体の共通の法定事業者検査実施体制
出典：「使用前・定期安全管理審査実施要領（内規）」

物が完成し技術基準等に適合していることを確認した上でなければ、その使用を禁じている。

<使用前安全管理検査> （施規第73条の2の2、第73条の4、第73条の5関係）
第51条　第48条第1項の規定による届出をして設置又は変更の工事をする事業用電気工作物（その工事の計画について同条第4項の規定による命令があった場合において同条第1項の規定による届出をしていないもの及び第49条第1項の主務省令で定めるものを除く。）であって、主務省令で定めるものを設置する者は、主務省令で定めるところにより、その使用の開始前に、当該事業用電気工作物について自主検査を行い、その結果を記録し、これを保存しなければならない。
2．前項の検査（以下「使用前自主検査」という。）においては、その事業用電気工作物が次の各号のいずれにも適合していることを確認しなければならない。
　一　その工事が第四十八条第一項の規定による届出をした工事の計画（同項後段の主務省令で定める軽微な変更をしたものを含む。）に従って行われたものであること。
　二　第三十九条第一項の主務省令で定める技術基準に適合するものであること。
3．使用前自主検査を行う事業用電気工作物を設置する者は、使用前自主検査の実施に係る体制について、主務省令で定める時期（第7項の通知を受けている場合にあっては、当該通知に係る使用前自主検査の過去の評定の結果に応じ、主務省令で定める時期）に、原子力を原動力とする発電用の事業用電気工作物以外の事業用電気工作物であって経済産業省令で定めるものを設置するものにあっては経済産業大臣の登録を受けた者が、その他の者にあっては主務大臣が行う審査を受けなければならない。
4～7　（省略）

<設置者による事業用電気工作物の自己確認>
（施規第74条、第76条、第78条関係）
第51条の2　事業用電気工作物であって公共の安全の確保上重要なものとして主務省令で定めるものを設置する者は、その使用を開始しようとする時は、当該事業用電気工作物が、第39条第1項の主務省令で定める技術基準に適合することについて、主務省令で定めるところにより、自ら確認しなければならない。（以降省略）
2．（省略）
3．第一項に規定する事業用電気工作物を設置する者は、同項（前項において準用する場合を含む。）の規定による確認をした場合には、当該事業用電気工作物の使用の開始前に、主務省令で定めるところにより、その結果を主務大臣に届け出なければならない。

（参考1）法第48条：工事計画の届出
（参考2）経済産業大臣が行う「使用前検査」とは、

法第47条にある「公共の安全の確保上特に重要なもの」の使用開始前に行う検査（法第49条）をいい、原子力発電所がその例である。

II.1.8.1 使用前自主検査／使用前自己確認の対象、時期及び方法

使用前自主検査を要する工事計画とその時期及び検査を必要としないものが施行規則に示されている。

<使用前自主検査を行う時期>　（施規第73条の3）
一　（省略）
二　工事の計画に係る一部の工事が完成した場合で、その完成した部分を使用しようとする時（前号の工事の工程を除く）
三　工事の計画に係るすべての工事が完了した時

<使用前自主検査の対象外となる電気工作物>
（施規第73条の2の2）
次のものは使用前自主検査を必要としない。
一～一の二．（省略）
二　内燃力を原動力とする火力発電所（送電電圧17万V以上の送電線引出口の遮断器を伴うものにあっては、当該遮断器を除く。）
三～五　（省略）
六　非常用予備発電装置
七　第六十五条第一項第二号に規定する工事を行う事業用電気工作物（*1）
八　試験のために使用する事業用電気工作物
*1：施規別表第四の公害関係の工事（ばい煙発生施設、騒音発生施設、振動発生施設等）

また、使用前自己確認の対象となる電気工作物が施行規則に示されている。

<設置者による事業用電気工作物の自己確認>
（施規第74条～第78条）
第74条　法第51条の2第1項の主務省令で定める事業用電気工作物は、別表第六に掲げる電気工作物とする。
第75条　（省略）
第76条　使用前自己確認は、電気工作物の各部の損傷、変形等の状況並びに機能及び作動の状況について、法第39条第1項の技術基準に適合するものであることを確認するために十分な方法で行うものとする。
第77条～第78条　（省略）

別表第六（第七十四条関係）
1．次の各号のいずれにも適合する燃料電池発電所であって、出力五百キロワット以上二千キロワット未満のもの
　一　当該燃料電池発電所が、複数の燃料電池筐体（燃料電池設備、電気設備その他の電気工作物を格納する筐体をいう。以下同じ。）及び当該燃料電池筐体に接続する電線、ガス導管その他の附属設備のみで構成されていること。
　二　当該燃料電池発電所を構成する全ての燃料電池設備が、燃料電池筐体内に格納されていること。
　三　当該燃料電池発電設備を構成する全ての燃料電池筐体に格納される燃料電池設備が、出力五百キロワット未満であること。
（以下、省略）

使用前自主検査／使用前自己確認の対象と使用前安全管理審査の実施／自己確認の報告については表2.4、

表2.4　使用前自主検査の対象

施　　設	使用前自主検査の対象
燃料電池	500kW以上使用前自己確認の対象を除く
ガスタービン汽力	1,000kW以上別途告示する小型のものを除く
内燃機関	10,000kW以上

表2.5 使用前自己確認の対象

施　　設	使用前自己確認の対象	自己確認の届出先
燃料電池	500kW以上2,000kW未満で、施規別表第六に記載の施設	所轄産業保安監督部長

表2.5のとおりである。（法第51条第3項・第51条の2第3項、施規第73条の6の2・第78条、電気事業法施行令（以下、施令）第27条　施規別表第2・別表第6関係）

使用前自主検査及び使用前自己確認の方法については、『使用前自主検査及び使用前自己確認の方法の解釈』（経済産業省大臣官房商務流通保安審議官　一部改正2017（平成29）年3月31日　20170323商局第3号）が適用される。

Ⅱ.1.8.2　使用前安全管理審査の申請

使用前自主検査の対象となる設備は、いずれの場合においても「工事の計画に係るすべての工事が完了した時」に登録安全管理審査機関に使用前安全管理審査申請を行う。

Ⅱ.1.8.3　使用前安全管理審査の受審時期と実施要領

使用前安全管理審査を受審する時期は次のとおり規定されている。

> ＜使用前安全管理審査を受審する時期＞
> （施規第73条の6、要約）
> 1．直近の通知において使用前自主検査の実施につき十分な体制がとられていると評定された組織であって、当該通知を受けた日から3年を超えない時期に使用前自主検査を行ったもの（インセンティブを付与されている組織）前回の通知を受けた日から三年三月を超えない時期
> 2．1の組織で、使用前自主検査の実施につき十分な体制を維持することが困難となった組織　（インセンティブを付与されている組織の解除）
> 当該体制を維持することが困難となった時期
> 3．1，2以外の組織
> 使用前自主検査を行う時期に使用前安全管理審査を受審しなければならない。具体的には、使用前自主検査終了後遅滞なく（原則1月程度）受審しなければならない。

使用前安全管理審査の実施要領、インセンティブの詳細については、「使用前・定期安全管理審査実施要領(内規)について (20170323商局第3号、2017（平成29）年3月31日)」に規定されている。

Ⅱ.1.9　溶接安全管理検査

ガスタービン等の内燃機関やボイラーを有する設備は、事故等が生じない耐圧性能を有する必要があるため、製作過程で重要な部分の溶接について次のとおり定められている。

> ＜溶接安全管理検査＞
> 第52条　発電用のボイラー、タービンその他の主務省令で定める機械若しくは器具である電気工作物（以下「ボイラー等」という。）であって、主務省令で定める圧力以上の圧力を加えられる部分（以下「耐圧部分」という。）について溶接をするもの又は耐圧部分について溶接をしたボイラー等であって輸入したものを設置する者は、その溶接について主務省令で定めるところにより、その使用の開始前に、当該電気工作物について事業者検査を行い、その結果を記録し、これを保存しなければならない。ただし、主務省令で定める場合は、この限りでない。（一部省略）
> 2．（省略）

Ⅱ.1.9.1　溶接事業者検査の対象と方法

省令で定められた溶接事業者検査の対象となる機械器具と圧力は次のとおりである。その検査において、溶接が「発電用出力設備に関する技術基準を定める省令」に適合していることを自主検査（溶接事業者検査）によって確認・記録しなければならない。

> ＜溶接事業者検査の対象＞　（施規第79条、第80条要約）
> 1．火力発電所（液化ガスを熱媒体として用いる小型の汽力を原動力とするものであって別に告示するもの及び内燃力を原動力とするものを除く。）に係る次の機械又は器具
> 　a．ボイラー、独立過熱器、独立節炭器、蒸気貯蔵器、蒸気だめ、熱交換器若しくはガス化炉設備に属する容器又は液化ガス設備（原動力設備に係るものに限る。）に属する液化ガス用貯槽、液化ガス用気化器、ガスホルダー若しくは冷凍設備（受液器及び油分離器に限る。）
> 　b．外径150㎜以上の管（液化ガス設備にあっては、液化ガス燃料設備に係るものに限る。）
> 2．燃料電池発電所に係る次の機械又は器具
> 　a．容器、熱交換器又は改質器であって、内径200㎜を超えかつ長さが1,000㎜を超えるもの又は内容積が0.04m3を超えるもの
> 　b．外径150㎜以上の管
> 3．圧力（法第52条第1項の経済産業令で定める圧力）
> 　a．水用の容器又は管であって、最高使用温度100度未満のものについては、最高使用圧力1,960kPa
> 　b．液化ガス用の容器又は管については、最高使用圧力0kPa
> 　c．a及びbに規定する容器以外の容器については、最高使用圧力98kPa
> 　d．a及びbに規定する管以外の管については、最高使用圧力980kPa（燃料電池設備に属さない管の長手継手の部分にあっては、490kPa）

溶接事業者検査の方法については、「電気事業法施行規則に基づく溶接事業者検査（火力設備）の解釈について」（経済産業省大臣官房商務流通保安審議官2012（平成24）年9月19日付け20120919商局第71号）に規定されている。(最終改訂：平2017（平成

29）年3月31日）

溶接事業者検査の内容については、「電気事業法施行規則第52条に基づく火力発電設備に対する溶接事業者検査ガイド」（経済産業省大臣官房商務流通保安審議官2012（平成24）年9月19日付け20120919商局第72号）を参照のこと。(最終改訂：2017（平成29）年3月31日）

従来、溶接施工工場と設置者の間では、さまざまなやり取りをせねばならず、設置者、溶接施工工場両方ともに大きな負担になっていた。2014年6月の「溶接安全管理審査実施要領（火力設備）」および「電気事業法第52条に基づく火力設備に対する溶接事業者検査ガイド」の改正によって、民間製品認証機関を利用した溶接事業者検査体制が認められることとなった。溶接施工工場が民間製品認証(プロセス認証、製品(溶接部)認証)を取得することにより、設置者の溶接施工工場の管理を容易にすると同時に、実施状況及び結果の確認の一部を省略できるようになった。但し、溶接事業者検査が設置者の義務であり、民間製品認証が溶接事業者検査を代替するものではないことに注意を要する。

【参考規格】
電気工作物の溶接部に関する民間製品認証規格(火力)
（TNS-S3101-2011）

【参考図書】
火力発電所溶接事業者検査手引き ((一社)火力原子力発電技術協会)

II.1.9.2 溶接事業者検査の実施状況及びその結果の確認

2017年4月の法令改正で溶接安全管理審査の制度は廃止され、溶接事業者検査の実施状況及びその結果は下記のいずれかで確認されることとなった。

(1) 使用前自主検査及び定期事業者検査の対象となる電気工作物が存在しない設置者

使用前自主検査及び定期事業者検査の対象となる電気工作物が存在しないことなどにより、設置者が、当面新たに使用前自主検査又は定期自主検査を実施する見込みがないものについては、電気関係報告規則第2条の表第9号に基づき、溶接事業者検査の実施状況及びその結果を産業保安監督部に報告し(溶接事業者検査年報)、その内容から、溶接部の技術基準適合性が明確である場合を除き、電気事業法第107条に基づく立ち入り検査等を通じてその実施状況及びその結果に関する確認を受ける必要がある。

(2) 使用前自主検査及び定期事業者検査の対象となる電気工作物が存在する設置者

使用前自主検査及び定期事業者検査の対象となる電気工作物が存在する場合、設置者が実施した溶接事業者検査の実施状況及びその結果に関する確認は、国に代わって審査機関が使用前(定期)安全管理審査において溶接事業者検査の実施状況及びその結果を確認することになるため、溶接事業者検査が完了した日から最も近い時期に受審する使用前(定期)安全管理審査の中で、漏れなくその実施状況及びその結果に関する確認を受ける必要がある。

【通達】
電気事業法第52条に基づく火力設備に対する溶接事業者検査ガイドについて(20120919商局第72号の2017（平成29）年3月31日改正版)

II.1.10 定期安全管理検査

コージェネは、その運転中、機械器具が高温高圧にさらされていることから、強度低下による損傷等が生じる危険性が高い。そこで、電気事業法ではその安全を確保する為に、特定電気工作物を設置する者に対して定期的な検査（定期事業者検査）を実施するように定めている。

＜定期安全管理検査＞
第55条　次の各号に掲げる電気工作物（以下この条において「特定電気工作物」という。）を設置する者は、主務省令で定めるところにより、定期に、当該特定電気工作物について事業者検査を行い、その結果を記録し、これを保存しなければならない。
一　発電用のボイラー、タービンその他の主務省令で定める電気工作物であつて前条で定める圧力以上の圧力を加えられる部分があるもの
二、三（省略）
2～3（省略）
4．定期事業者検査を行う特定電気工作物を設置する者は、定期事業者検査の実施に係る体制について、主務省令で定める時期に、（中略）特定電気工作物であって経済産業省令で定めるものを設置する者にあっては経済産業大臣の　登録を受けた者が、その他の者にあっては経済産業大臣が行う審査を受けなければならない。
5～6（省略）

即ち、コージェネの定期事業者検査を行った結果を記録・保管するとともに、その実施体制について、登録安全管理審査機関の行う審査（定期安全管理審査）を設置者に義務づけるものである。

II.1.10.1 定期安全管理検査の対象

定期安全管理検査を行う対象は次のとおりである。ただし、内燃力を原動力とする火力発電設備や非常用予備発電装置に属するものを除く。

> <定期安全管理検査の対象> （施規第94条要約）
> 1. 蒸気タービン本体（出力1,000kW以上の発電設備のものに限る。）及びその附属設備
> 2. ボイラー及びその附属設備
> 3. 独立過熱器及びその附属設備
> 4. 蒸気貯蔵器及びその附属設備
> 5. ガスタービン（出力1,000kW以上の発電設備に係るもの（内燃ガスタービンにあっては、ガス圧縮機及びガス圧縮機と一体となって燃焼用の圧縮ガスをガスタービンに供給する設備の総合体であって、高圧ガス保安法第2条に定める高圧ガスを用いる機械又は器具に限る。）に限る。）
> 6. 液化ガス設備（液化ガス用燃料設備以外の液化ガス設備にあっては、高圧ガス保安法第5条第1項及び第2項並びに第24条の2に規定する事業所に該当する火力発電所（液化ガスを熱媒体として用いる小型の汽力を原動機とするものであって別に告示するものを除く。）の原動力設備に係るものに限る。）
> 7. 燃料電池用改質器（最高使用圧力98kPa以上の圧力を加えられる部分がある出力500kW以上の発電設備に係るものであって、内径が200mmを超え、かつ、長さが1,000mmを超えるもの及び内容積が0.04m3を超えるものに限る。）
> 8～13．（省略）

Ⅱ.1.10.2　定期事業者検査の時期と方法

定期事業者検査を行う時期は次のとおり規定されている。

> <定期事業者検査を行う時期> （施規第94条の2要約）
> 一　蒸気タービン本体及びその附属設備についての定期事業者検査にあっては、運転が開始された日又は定期事業者検査が終了した日以降四年を超えない時期
> 二　ガスタービン（出力一万キロワット未満の発電設備に係るものに限る。）についての定期事業者検査にあっては、運転が開始された日又は定期事業者検査が終了した日以降三年を超えない時期
> 三　ボイラー及びその附属設備、独立過熱器及びその附属設備、蒸気貯蔵器及びその附属設備、ガスタービン（出力一万キロワット以上の発電設備に係るものに限る。）、液化ガス設備、ガス化炉設備又は脱水素設備についての定期事業者検査にあっては、運転が開始された日又は定期事業者検査が終了した日以降二年を超えない時期
> 四、五（省略）

更に、定期事業者検査の実施につき十分な体制がとられており、かつ、保守管理に関する十分かつ高度な取組を実施していると評定された組織には、定期事業者検査の実施時期を最大6年とするインセンティブがある。(施規 第94条の5)

定期事業者検査の方法、インセンティブの詳細については、下記参照のこと。
・電気事業法施行規則第94条の3第1項第1号及び第2号に定める定期事業者検査の方法の解釈(20170323商局第3号、2017（平成29）年3月31日)
・使用前・定期安全管理審査実施要領(内規)について(20170323商局第3号、2017（平成29）年3月31日)
・火力設備における電気事業法施行規則第94条の2第2項第2号に規定する定期事業者検査の時期変更承認に係る標準的な審査基準例及び申請方法等について(20170323商局第3号、2017（平成29）年3月31日)

Ⅱ.1.10.3　定期安全管理審査の受審時期と実施要領

定期安全管理審査の受審時期は次のとおり規定されている。

> <定期安全管理審査の受審時期> （施規第94条の5要約）
> 一　前回の通知において定期事業者検査の実施につき十分な体制がとられており、かつ、保守管理に関する十分かつ高度な取組を実施していると評定された組織であって、前回の審査に係る定期事業者検査が終了した日と前回の通知を受けた日から起算して六年を超えない日との間に定期事業者検査を行ったもの
> 　　前回の通知を受けた日から六年三月を超えない時期
> 二　前回の通知において定期事業者検査の実施につき十分な体制がとられており、かつ、保守管理に関する十分な取組を実施していると評定された組織であって、前回の定期安全管理審査に係る定期事業者検査が終了した日と前回の通知を受けた日から起算して四年を超えない日との間に定期事業者検査を行ったもの
> 　　前回の通知を受けた日から四年三月を超えない時期
> 三　前回の通知において定期事業者検査の実施につき十分な体制がとられていると評定された組織であって、前回の定期安全管理審査に係る定期事業者検査が終了した日と前回の通知を受けた日から起算して三年を超えない日との間に定期事業者検査を行ったもの
> 　　前回の通知を受けた日から三年三月を超えない時期
> 四　前各号に規定する組織であって、定期事業者検査の実施につき十分な体制を維持することが困難となった組織
> 　　当該体制を維持することが困難となった時期
> 五　前各号で、期間内に定期事業者検査の時期が到来しなかった組織定期事業者検査を行う時期
> 六　前各号に規定する組織以外の組織
> 　　定期事業者検査を行う時期

火力発電設備の定期安全管理審査は登録安全管理審査機関が行うので、申請は、登録安全管理審査機関に提出する。

また、定期安全管理審査の実施要領は、「使用前・定期安全管理審査実施要領(内規)について」(20170323商局第3号、2017（平成29）年3月31日)に規定されている。

Ⅱ.1.11　使用の開始

> <使用の開始>
> 第53条　自家用電気工作物を設置する者は、その自家用電気工作物の使用の開始の後、遅滞なく、その旨を主務大臣に届け出なければならない。ただし、第47条第1項の認可又は同条第4項、第48条第1項若しくは第51条の2第3項の規定による届出に係る自家用電気工作物を使用する場合及び主務省令で定める場合は、この限りでない。

自家用電気工作物を設置して使用を開始する場合、工事計画の届出をしている場合は、改めての届出は必要ない。

ただし、工事計画届出を要する発電設備（表2.1参照）や電気工作物として附帯する設備（施規別表第2及び第4で示される設備）を他の者から譲り受け、又は借り受けて自家用電気工作物として使用する場合は、使用を開始した後、経済産業大臣又は所轄産業保

安監督部長に遅滞なく届出なければならない。なお、その使用開始届出は自家用電気工作物ごとに行う（施規第87条、第88条、施規様式第60、施令第27条）。

II.1.12 運転監視

「電気設備に関する技術基準を定める省令（電気設備技術基準）」第46条に、コージェネ等の発電所の常時監視及び異常時に停止する措置に関して定められている。

> ＜常時監視をしない発電所等の施設＞
> 第46条　異常が生じた場合に人体に危害を及ぼし、若しくは物件に損傷を与えるおそれがないよう、異常の状態に応じた制御が必要となる発電所、又は一般送配電事業に係る電気の供給に著しい支障を及ぼすおそれがないよう、異常を早期に発見する必要のある発電所であって、発電所の運転に必要な知識及び技能を有する者が当該発電所又はこれと同一の構内において常時監視をしないものは、施設してはならない。
> 2　前項に掲げる発電所以外の発電所又は変電所（これに準ずる場所であって、10万Vを越える特別高圧の電気を変成するためのものを含む。以下この条において同じ。）であって、発電所又は変電所の運転に必要な知識及び技能を有する者が当該発電所若しくはこれと同一の構内又は変電所において常時監視をしない発電所又は変電所は、非常用予備電源を除き、異常が生じた場合に安全かつ確実に停止することができるような措置を講じなければならない。

即ち、発電所の制御に関しては技術員が発電所又は同一構内に常駐して監視及び操作を行う「常時監視」を定め、また、常時監視しない場合にとるべき措置を規定している。

なお、「電気設備の技術基準の解釈」第47条に、安全の為の必要な措置を施設することを条件に「随時巡回方式」、「随時監視制御方式」、「遠隔常時監視制御方式」の3方式が示されている。次に、各々の概要を示す。

II.1.12.1　随時巡回方式

前提	・当該発電所に異常が生じた場合に、一般送配電事業者の電気の供給に支障を及ぼさないこと
対象	・内燃力発電所：1,000kW未満 ・ガスタービン発電所：10,000kW未満 ・燃料電池発電所：燃料・改質系統設備の圧力が100kPa未満のりん酸形、固体高分子形又は溶融炭酸塩形又は固体酸化物形のもの（ただし、合計出力が300kW未満の固体酸化物型の燃料電池であって、かつ、燃料を通ずる部分の管に、動力源喪失時に自動的に閉じる自動弁を2個以上直列に、設置している場合は統設備の圧力は、1MPa未満とすることができる）。
監視	技術員が、適当な間隔をおいて発電所を巡回し、運転状態の監視を行うものであること
施設条件	・自動出力調整装置又は出力制限装置を施設すること ・発電所に異常が生じた場合は、発電機または燃料電池を電路から自動的に遮断するとともに燃料の流入を自動的に停止する装置を施設すること

II.1.2.2　随時監視制御方式

前提	・火災や発電所の種類に応じ警報を要する場合、技術員へ警報する装置を施設すること
対象	・内燃力発電所 ・ガスタービン発電所：10,000kW未満 ・内燃力とその廃熱を回収するボイラーによる汽力を原動力とする発電所：合計2,000kW未満 ・燃料電池発電所：燃料・改質系統設備の圧力が100kPa未満のりん酸形、固体高分子形又は溶融炭酸塩形又は固体酸化物形のもの（ただし、合計出力が300kW未満の固体酸化物型の燃料電池であって、かつ、燃料を通ずる部分の管に、動力源喪失時に自動的に閉じる自動弁を2個以上直列に設置している場合は、燃料・改質系統設備の圧力は、1MPa未満とすることができる）。
監視	技術員が、必要に応じて発電所に出向き、運転状態の監視又は制御その他必要な措置を行うものであること
施設条件	・自動出力調整装置又は出力制限装置を施設すること ・発電所に異常が生じた場合は、発電機または燃料電池を電路から自動的に遮断するとともに燃料の流入を、汽力を原動力とする場合には蒸気タービンへの蒸気の流入を自動的に停止する装置を施設すること

II.1.2.3　遠隔常時監視制御方式

前提	・制御所には、発電所の運転及び停止を、監視及び操作する装置を施設すること
対象	・内燃力発電所 ・ガスタービン発電所：10,000kW未満 ・燃料電池発電所：燃料・改質系統設備の圧力が100kPa未満のりん酸形、固体高分子形又は溶融炭酸塩形又は固体酸化物形のもの（ただし、合計出力が300kW未満の固体酸化物型の燃料電池であって、かつ、燃料を通ずる部分の管に、動力源喪失時に自動的に閉じる自動弁を2個以上直列に設置している場合は、燃料・改質系統設備の圧力は、1MPa未満とすることができる）。
監視	技術員が、制御所に常時駐在し、発電所の運転状態の監視及び制御を遠隔で行うものであること
施設条件	・発電所に異常が生じた場合は、発電機または燃料電池を電路から自動的に遮断するとともに燃料の流入を自動的に停止する装置を施設すること

II.1.13　報告

コージェネ等自家用電気工作物を設置している者は、法第106条（報告の徴収）第4項に基づき、次の報告書の提出が定められている。

II.1.13.1　定期報告（電気関係報告規則（以下、報告規則）第2条、施令第27条）

自家用電気工作物のうち、出力1,000kW以上の系統に連系する自家用発電所を設置する者は、「自家用発電所運転半期報」を2回／年（4月末日（10～3月分）及び10月末日（4～9月分））、所轄産業保安監督部長宛に提出しなければならない（報告規則様式第9）。なお、出力1,000kW未満の発電所については提出不要とされている。

また、溶接事業者検査を実施した場合は、溶接事業者検査年報を所轄産業保安監督部長宛に提出しなければならない。但し、使用前安全管理審査または定期安全管理審査で審査を受ける設置者は提出不要である。

II.1.13.2　事故報告（報告規則第3条第1項、第2項　抜粋）

自家用電気工作物を設置する者は、その工作物の事故が発生した時には、所轄産業保安監督部長に報告しなければならない。

(1) 報告をする事故の内容

① 感電又は電気工作物の破損若しくは電気工作物の誤操作若しくは電気工作物を操作しないことにより人が死傷した事故（死亡又は病院若しくは診療所に治療のため入院した場合に限る。）

② 電気火災事故（工作物にあっては、その半焼以上の場合に限る。）

③ 電気工作物の破損事故又は電気工作物の誤操作若しくは電気工作物を操作しないことにより、他の物件に損傷を与え、又はその機能の全部又は一部を損なわせた事故

④ 次に掲げるものに属する主要電気工作物の破損事故
　イ　（省略）
　ロ　火力発電所（汽力、ガスタービン（出力千キロワット以上のものに限る。）、内燃力（出力一万キロワット以上のものに限る。）、これら以外を原動力とするもの又は二以上の原動力を組み合わせたものを原動力とするものをいう。以下同じ。）における発電設備（発電機及びその発電機と一体となって発電の用に供される原動力設備並びに電気設備の総合体をいう。以下同じ。）（ハに掲げるものを除く。）
　ハ　火力発電所における汽力又は汽力を含む二以上の原動力を組み合わせたものを原動力とする発電設備であって、出力1,000kW未満のもの（ボイラーに係るものを除く。）
　ニ　出力500kW以上の燃料電池発電所
　ホ～リ　（省略）

⑤（省略）

⑥ 出力十万キロワット以上の発電設備に係る七日間以上の発電支障事故等

(2) 報告の時期

① 速報

事故の発生を知った時から24時間以内可能な限り速やかに事故の発生の日時及び場所、事故が発生した電気工作物並びに事故の概要について、電話（FAX含む）等の方法により行う。事故発生の当初、これら事項のうち不明点があっても知りえた範囲を第1報として連絡し、その後詳細が判明した時、又は第1報の内容の一部を訂正する必要が生じた時には、直ちに第2報、第3報等の続報として電話（FAX含む）により報告する必要がある。

② 詳報

事故の発生を知った日から起算して30日以内に詳細（状況、原因、被害状況、復旧日時、防止対策等）を所定の様式（報告規則様式第11）を用いて報告書を提出しなければならない。

(3) 報告基準の解釈

報告基準の解釈については、「電気関係報告規則第3条の運用について（内規）」（経済産業省大臣官房商務流通保安審議官20160401商局第1号）によって留意点並びに報告規則第3条の各号についての解釈が詳細に示されているので、使用の開始前までには確認しておくことが必要である。

II.1.13.3　公害防止に関する事故報告

報告規則第4条には、種々の場合として19の項目が掲げられているが、コージェネに係る公害防止に関する事故報告を要するものは次の事項が該当する。

(1) ばい煙発生施設等、ダイオキシン類に関する事故等の報告

　（報告規則第4条第17の3、第17の4関係要約）

ばい煙発生施設、大防法第17条第1項に規定する特定施設（アンモニア・硫化水素等）やダイオキシン類を発生する施設の故障、破損その他の事故が発生し、大気中に大量に排出された場合には、事故の発生後直ちにその事故の状況を所轄産業保安監督部長に届出なければならない。

(2) 有害物質、指定物質、貯油設備の破損その他の事故（報告規則第4条第18の2、3要約）

有害物質、指定物質、油を含む水が公共用水域に排出されたり、又は地下に浸透したことにより生活環境に係る被害を生じる恐れがある場合には、直ちに防止のための応急の措置を取った上で、事故の発生後可能な限り速やかに事故の状況と講じた措置の概要について、所轄産業保安監督部長に届出なければならない。

II.1.13.4　発電所の出力の変更等の報告

報告規則第5条により、自家用電気工作物を設置する者は、次の場合、遅滞なくその旨を所轄産業保安監督部長に報告しなければならない。

(1) 発電所若しくは変電所の出力又は送電線路若しくは配電線路の電圧を変更した場合（法第48条第1

項の規定による届出をした工事に伴い変更した場合を除く。）
(2)発電所、変電所その他の自家用電気工作物を設置する事業場又は送電線路若しくは配電線路を廃止した場合

II.1.14　事業用発電設備を用いた電気事業（法第2条）

2014年の電気事業法の改正で、電力システム改革における小売の全面自由化に伴い、電気事業の類型が見直され、事業毎にそれぞれ必要な規制を課している。
次に電気事業を分類し、法第2条による用語の定義並びに解説を示す。
電気事業は、小売電気事業、一般送配電事業、送電事業、特定送配電事業、発電事業に分類される。

(1)小売電気事業（登録制）
「小売供給を行う事業（一般送配電事業、特定送配電事業及び発電事業に該当する部分を除く。）」一般の需要（一般家庭、企業、商店等）に応じ電気を小売する事業（需要家への説明義務や供給確保義務を負う）。
（例）国内10電力会社等447事業者
　　　（2017年12月現在）

(2)一般送配電事業（許可制）
「自らが維持し、及び運用する送電用及び配電用の電気工作物によりその供給区域において託送供給及び電力量調整供給を行う事業（発電事業に該当する部分を除く。）をいい、当該送電用及び配電用の電気工作物により最終保障供給事業および離島供給事業（発電事業に該当する部分を除く。）を含むものとする」発電事業者から受けた電気を小売電気事業者等に供給する事業（離島供給や最終保障供給義務を負う）。
（例）国内10電力会社

(3)送電事業（許可制）
「自らが維持し、及び運用する送電用の電気工作物により一般送配電事業者に振替供給を行う事業（一般送配電事業に該当する部分を除く。）であって、その事業の用に供する送電用の電気工作物が経済産業省令で定める要件に該当するもの」
（例）電源開発㈱、北海道北部風力送電㈱

(4)特定送配電事業（届出制）
「自らが維持し、及び運用する送電用及び配電用の電気工作物により特定の供給地点において小売供給又は小売電気事業若しくは一般送配電事業を営む他の者にその小売電気事業若しくは一般送配電事業の用に供するための電気に係る託送供給を行う事業（発電事業に該当する部分を除く。）」特定の供給地点における需要に応じ電気を供給する事業（小売供給のためには登録が必要）。
（例）東日本旅客鉄道㈱、六本木エネルギーサービス㈱等19事業者（2017年12月現在）

(5)発電事業（届出制）
「自らが維持し、及び運用する発電用の電気工作物を用いて小売電気事業、一般送配電事業又は特定送配電事業の用に供するための電気を発電する事業であって、その事業の用に供する発電用の電気工作物が経済産業省令で定める要件に該当するもの」発電した電気を小売電気事業者等に供給する事業（小売電気事業等の用に供する電力の合計が1万kWを超えるもの）。
（例）国内10電力会社等639事業者
　　　（2017年11月現在）

II.1.15　託送供給と電力量調整供給（法第2条1項第6号、1項第7号）

一般送配電事業者等の送配電線を利用するには、「託送供給（振替供給、接続供給）」および「電力調整供給」がある。電気事業法上の定義は、次のとおりであるが、接続供給の自己託送は2014年の改正電気事業法で制度化された。

＜振替供給＞　（法第2第1項第4号）
　他の者から受電した者が、同時に、その受電した場所以外の場所において、当該他の者に、その受電した電気の量に相当する量の電気を供給することをいう。

＜接続供給＞　（法第2条第1項第5号要約）
・小売供給を行う事業を営む他の者から受電した者が、同時に、その受電した場所以外の場所において、当該他の者に対して、当該他の者のその小売供給を行う事業の用に供するための電気の量に相当する量の電気を供給すること。
・電気事業の用に供する発電用の電気工作物以外の発電用の電気工作物（自家発）を維持し、及び運用する他の者から当該自家発の発電した電気を受電した者が、同時に、その受電した場所以外の場所において、当該他の者に対して、当該他の者があらかじめ申し出た量の電気を供給すること（自己託送）。

＜電力量調整供給＞（法第2条第1項第7号要約）
・発電用の電気工作物を維持し、及び運用する他の者から当該発電用の電気工作物の発電した電気を受電した者が、同時に、その受電した場所において、当該他の者に対して、当該他の者があらかじめ申し出た量の電気を供給すること。
・特定卸供給[※1]を行う事業を営む他の者から特定卸供給に係る電気を受電した者が、同時に、その受電した場所において、当該他の者に対して、当該他の者があらかじめ申し出た量の電気を供給すること。

※1　特定卸供給　需要抑制契約者が、需要者の節電した電気（ネガワット）を発電した電気と同等の価値として、小売電気事業者へ卸供給すること

この託送供給及び電力量調整供給において、一般送配電事業者は料金その他の供給条件について「託送供給等約款」を定めて経済産業大臣の許可を受けなけれ

ばならない。この託送供給等約款は、各一般送配電事業者ごとに定めるものであり、参考資料にその概要を掲載するが、詳細については各一般送配電事業者に内容を確認していただきたい。

なお、自己託送については、Ⅱ.1.17.2に後述する。

Ⅱ.1.16 特定供給 （法第27条の31第1項）

「特定供給」とは、電気の供給者と需要者に親会社と子会社の関係がある場合やこれらの者が組合を組織してスマートコミュニティを形成する場合など、両者に密接な関係がある場合に両者が合意した契約に基づき、自営線を用いて電気の供給を行うことを認めるものであり、コージェネなどの分散型電源を用いた供給形態である。

法第27条の31第1項では、電気事業を営む場合以外の電気の供給（特定供給）についての許可と、その条件について規定している。

従来の審査基準においては、供給者の発電設備により需要の50％以上を満たし、不足分は小売電気事業者からバックアップを受けることで全ての需要に応ずることが可能であることが要件とされていたが、2014年3月に自己保有電源要件が見直され、自ら電源を保有しない場合でも、契約により発電設備が特定される場合に限り、当該発電設備を自己電源とみなすこと、および自然環境の影響等により出力が変動する太陽光発電設備や風力発電設備については、蓄電池または燃料電池設備を組み合わせることで安定的な供給を確保できる場合に限り、一定量を供給能力として認めるとともに、燃料電池発電設備については、電源として認めることが明示された。

また、許可が不要な場合として以下のように定められている。

```
＜許可が不要な特定供給の例＞　（法第27条の31第1項）
一　専ら一の建物内又は経済産業省令で定める構内の需要に応じ電気を供給するための発電設備により電気を供給するとき。
二　小売電気事業、一般送配電事業又は特定送配電事業の用に供するための電気を供給するとき。
```

1つの建物又は経済産業省令で定める構内の需要にのみ電気を供給するための発電設備を用いて、その建物内又は構内に電気を供給する場合が上記の例に該当する。

なお、「一の建物」とは、建物の構造、使用の実態において、一体性を有する建物単位を言い、また、「経済産業省令で定める構内」とは、

a. 柵、塀その他の客観的な遮断物によって明確に区画された一の構内
b. 隣接する複数のaに定める構内であって、それぞれの構内において営む事業の相互の関連性が高いもの

のいずれかと定められている（施規第45条の22）。

この規定によって、コージェネからの発電電力を条件を満たすことによってビルのテナント等に自家発自家消費として供給することが可能となっている。

Ⅱ.1.17　自家用発電設備から生じた余剰電力の利用

Ⅱ.1.17.1　電気事業者への余剰電力の販売

コージェネで発電した電力が自家消費分を上回る場合における、その余剰電力の電気事業者への販売については各電気事業者に確認願う。

Ⅱ.1.17.2　自己託送制度による余剰電力の送電

コージェネで発電した電力が構内での自家消費を上回る場合、コージェネの所有者がその余剰電力を一般送配電事業者の設備を用いて別地点にある自らの工場等に送電することが可能であり、2014年の改正電気事業法で制度化された。なお、対象となるのは自家発設置者が、自社や一定の資本関係があるなど「密接な関係」が認められる供給先の需要に応じて供給するものに限られる。（自己託送に係る指針2014年4月　資源エネルギー庁）

Ⅱ1.18　電気事業者による電力買取制度

Ⅱ.1.18.1　再生可能エネルギーの固定価格買取制度

本制度は、再生可能エネルギー源（太陽光、風力、水力、地熱、バイオマス）を用いて発電された電気を、国が定める固定価格で一定の期間電気事業者（一般送配電事業者、特定送配電事業者）に買取を義務づけるもので、これを定めた「電気事業者による再生可能エネルギー電気の調達に関する特別措置法」が2012年7月に施行された。

本制度の適用を受けるためには、当該発電設備が経済産業省令（「電気事業者による再生可能エネルギー電気の調達に関する特別措置法施行規則」）で定める基準に適合していることの認定を受ける必要がある（特別措置法第9条）。

なお、買取価格及び買取期間は、発電設備の区分、設備の形態及び規模ごとに毎年度、当該年度の開始前に経済産業大臣が定めることとなっている。

表2.6 バイオマス発電からの電気の固定価格買取価格（税抜き）

	メタンガス発酵ガス（バイオマス由来）	間伐材由来の木質バイオマス		一般木材バイオマス		建設資材廃棄物	一般廃棄物・その他のバイオマス
		2,000kW以上	2,000kW未満	20,000kW以上	20,000kW未満		
調達価格	39円	32円	40円	21円	24円	13円	17円
調達期間	20年間							

表2.6にコージェネの発電方式として考えられるバイオマス発電に関して、2018〜2019年度の調達価格及び調達期間を示す。

II.1.18.2　廃棄物発電等からの余剰電力購入単価

廃棄物発電等の電力については、前述の再生可能エネルギー固定価格買取制度により、電気事業者に買い取り要請することも可能であるが、同制度の対象とならない場合のその余剰電力の販売については、各電気事業者に確認していただきたい。

II.1.19　技術基準への適合義務

これまでコージェネの運用にかかる電気事業法の規定及び自主保安等について示したが、維持についての技術基準への適合維持義務、技術基準適合命令等についても定められている。

```
＜事業用電気工作物の維持＞
第39条　事業用電気工作物を設置する者は、事業用電気工作物を主務省令で定める技術基準に適合するように維持しなければならない。
```

その内容としては、第2項に次の事項他が示されている。
(1) 人体に危害を及ぼし、又は物件に損傷を与えないようにすること。
(2) 他の電気的設備その他の物件の機能に電気的、磁気的障害を与えないようにすること。
(3) 損壊によって一般送配電事業の電気の供給に著しい支障を及ぼさないようにすること等

また、法第39条で示される主務省令には、次の省令があり、規定されている内容の概要は以下のとおりである。
(1)「発電用火力設備に関する技術基準を定める省令」
ボイラー、蒸気タービン、ガスタービン、内燃機関、燃料電池とそれぞれの付属設備及び液化ガス設備、ガス化炉設備についてその安全性、構造、非常停止装置が定められている。
(2)「電気設備に関する技術基準を定める省令」
発・変電所、電線路、電力保安通信設備、電気使用場所の施設等において離隔距離、絶縁耐力等が定められている。

II.1.20　系統連系

コージェネを導入した場合、安定した電力を得るためにも電力会社の商用電力に発電電力を連系（系統連系）する場合が多い。系統連系しない（系統分離）場合に比べて、保護継電器等商用系統の電力品質や系統への保護・保安に影響を及ぼさないように設置すべき設備に費用が掛かるものの、それを上回る多くのメリットがある。そのメリットとして主なものを次に示す。
・事業所構内の全ての電力負荷を対象とすることが可能
・発電機が有する100％の定格出力での運転が可能
・設備の負荷選択、優先順位などの事前検討が不要　他

以下、系統連系に関する保安ならびに品質を確保すべき新たな規程に関すること、そして、系統連系するにおいて不可欠な電力会社との協議等について示す。

II.1.20.1　「系統連系技術要件ガイドライン」整理に伴う新たな規程

1986年8月、分散型電源導入を促進するために、当時の一般電気事業者以外のものが設置する自家発電設備を系統に連系する技術指針として、資源エネルギー庁公益事業部長通達である「系統連系技術要件ガイドライン」（以下、ガイドライン）が示され、数回の改訂によって整備、運用されてきた。その後2004年10月、「ガイドライン」を「保安に関する事項」と「品質に関する事項」に整理し、保安に関しては「電気設備の技術基準の解釈」、品質に関しては「電力品質確保に係る系統連系技術要件ガイドライン」として公表

された。これに伴い、従来の「ガイドライン」は廃止された。

Ⅱ.1.24.2に「電気設備の技術基準の解釈」及び「電力品質確保に係る系統連系技術要件ガイドライン」の概要を示す。

Ⅱ.1.20.2　新たな技術指針「系統連系規程」

従来の「ガイドライン」を補足・補完する民間の自主規格として「分散型電源系統連系技術指針（JEAG9701）」が示されていたが、「ガイドライン」の廃止と新たな「電気設備の技術基準の解釈」及び「電力品質確保に係る系統連系技術要件ガイドライン」の公表に伴い、2006年6月、「系統連系規程（JEAC9701-2006）」（一般社団法人日本電気協会）として改訂、刊行された。

Ⅱ.1.20.3　一般送配電事業者との事前協議

電力会社との発電設備等の系統連系に関する協議において、検討期間を必要とすることもある。従って、コージェネを設置しようとする計画策定の早い段階で一般送配電事業者に相談することが望ましい。

次に、協議に必要な資料を例示する。
(1) 保安並びに品質確保に関する適応性に関する事項
(2) 逆潮流の有無
(3) 受電設備の構成
(4) 発電機に関する事項
(5) 系統連系用保護リレーに関する事項
(6) 系統連系用機器に関する事項
(7) その他　連絡体制、保安規程などに関すること

Ⅱ.1.20.4　発電設備を系統連系した場合の届出の義務等

2013年に成立した改正電気事業法では、一定規模以上の自家発電設備を一般送配電事業者の電力系統に連系した場合は、経済産業大臣への届出が必要となった（法第28条の3）。

また、この場合、電気の安定供給の確保に支障が生じ、または生ずるおそれがある場合で公共の利益を確保するため特に必要があり、かつ、適切であると認めるときは、電気事業者に電気を供給することその他の電気の安定供給を確保するために必要な措置をとるよう経済産業大臣より勧告を受ける場合がある（法第31条）。

Ⅱ.1.21　自家発補給電力契約制度

自家発電設備の点検、補修あるいは故障時においても、需要側の電力を不足させないために電力会社から電力を供給してもらう為の契約である。次にその概要を示す。なお制度の詳細は事業者毎に異なるため各電力会社に確認願う。

表2.7　自家発補給電力契約制度の概要

適用範囲	発電設備の検査、補修または事故により生じた不足電力の補給のために適用
契約電力	原則として発電設備の容量（定格出力）を基準として協議により定める。
使用方法	・使用する場合は使用開始時刻と使用休止時刻とをあらかじめ電力会社に通知する。（発電設備の定期検査、定期補修等の場合） ・事故その他やむをえない場合は使用開始後すみやかに通知する。
料　金	基本料金＋電力量料金 ※基本料金は、まったく電気の供給を受けない月は割引あり

Ⅱ.1.22　アンシラリーサービス料金

発電設備を設置し、発電した電気の全部または一部を自ら使用する場合、または特定供給を行なう場合でその発電設備を一般送配電事業者の電力系統に連系する場合に、当該電力系統から受ける電力品質（周波数等）を維持・安定させるサービスに対して電力会社に支払う料金である。

主な概要は以下のとおりである。なお制度の詳細は事業者毎に異なるため、各電力会社に確認願う。

表2.8　アンシラリーサービス料金の概要

適用範囲	発電設備を特別高圧または高圧で電力会社の電力系統に連系して、発電した電気の全部または一部を自ら使用する場合または特定供給する場合
対象容量	電力系統に連系している発電設備の定格出力の合計値から控除容量（自家発補給電力契約等の対象とした容量等）を差し引いた容量
料　金	対象容量1キロワットあたりの料金単価×対象容量

Ⅱ.1.23　環境影響評価法（1997年6月施行、最終改正2011年12月）

電気事業法第46条の二に、事業用電気工作物の設置または変更の工事においては環境影響評価法に従うように規定されている。

この法律は、土地の形状の変更、工作物の新設等の事業を行う事業者がその事業の実施に当たりあらかじめ環境影響評価を行うことが環境の保全上極めて重要であることにかんがみ、環境影響評価法について国等の責務を明らかにするとともに、規模が大きく環境影響の程度が著しいものとなるおそれがある事業につい

Ⅱ　コージェネレーション関連法規の解説

て環境影響評価が適切かつ円滑に行われるための手続きその他所要の事項を定め、その手続きによって行われた環境影響評価の結果をその事業に係る環境の保全のための措置その他その事業の内容に関する決定に反映させるための措置をとること等により、その事業に係る環境の保全について適正な配慮がなされることを確保し、もって現在及び将来の国民の健康で文化的な生活の確保に資することを目的とする。（法第一条）

この法律では種々の事業を定めて、規模が大きく、環境影響の程度が著しいものとなる恐れがある事業を「第一種事業」として、種々の手続きを経た環境影響評価書の作成及び提出を義務付けた上で事業が許可されるものである。また、第一種事業に準ずる規模であって環境影響の程度が著しいものとなるおそれのあるかどうかの判定が行われるものを「第二種事業」としている（法第2条第2項、第3項）。

施行令別表第一に示されている火力発電所の規模を次に示す。

事業の種類	規模適用（但し、地熱を利用するものを除く）
第 一 種 事 業	出力が15万kW以上の火力発電所の設置及び変更の工事
第 二 種 事 業	出力が11万25百kW以上15万kW未満の火力発電所の設置及び変更の工事及び新設を伴う火力発電所の設置及び変更の工事

第二種事業が第一種事業と異なる点は、その規模のみならず環境影響評価書の作成及び提出が必要な事業であるかどうかの「判定」が行われる点であり、第二種事業を行なおうとする事業者はこの判定がなされるまで事業を実施することはできない。判定から事業許可までの概略のフローを以下に示す。

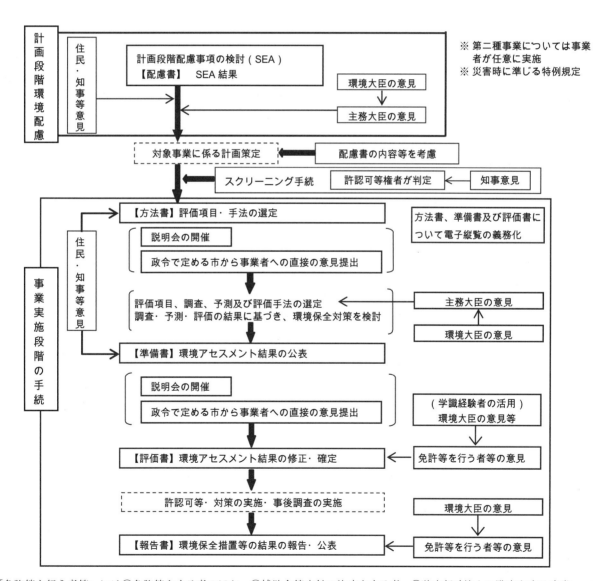

※「免許等を行う者等」には①免許等をする者のほか、②補助金等交付の決定をする者、③独立行政法人の監査をする府省、④直轄事業を行う府省が含まれる。

II.1.24 参考資料

II.1.24.1 託送供給の主な料金(2017年4月現在)

託送供給の各項目の名称、内容、条件等は各電力会社で異なる場合があるため詳細は各電力会社に確認要

単位：基本料金[円/kW・月], 電力量料金単価[円/kWh]（税込）

				北海道	東北	東京	中部	北陸	関西	中国	四国	九州	沖縄
接続送電サービス	標準	特高	基本	410.40	448.20	372.60	307.8	426.60	399.60	334.80	513.00	426.60	329.40
			電力量	1.61	1.35	1.27	1.27	1.18	1.18	0.92	0.95	1.40	2.72
		高圧	基本	615.60	675.00	545.40	388.80	583.20	507.60	507.60	583.20	448.20	480.60
			電力量	2.48	2.66	2.30	2.51	2.18	2.54	2.55	2.32	2.60	4.07
	時間帯別	特高	基本	410.40	448.20	372.60	307.80	426.60	399.60	334.80	513.00	426.60	329.40
			電力量（昼間）	2.33	1.50	1.36	1.38	1.27	1.25	0.98	1.02	1.54	2.99
			電力量（夜間）	0.64	1.18	1.14	1.10	1.05	1.09	0.82	0.87	1.24	2.37
		高圧	基本	615.60	675.00	545.40	388.80	583.20	507.60	507.60	583.20	448.20	480.60
			電力量（昼間）	2.78	3.00	2.53	2.81	2.43	2.75	2.86	2.61	2.89	4.50
			電力量（夜間）	2.12	2.20	2.00	2.00	1.88	2.24	2.15	2.02	2.21	3.52
	従量	特高	電力量	8.34	8.69	7.39	6.32	8.18	7.73	6.40	9.36	8.40	8.12
		高圧	電力量	12.57	13.73	11.24	8.88	11.74	10.85	10.86	11.88	9.95	11.94
割引（割増）	力率割引		基本	供給地点ごとの力率が85％を上回る場合、その上回る1％につき基本料金を1％割引（力率が85％を下回る場合、その下回る1％につき基本料金を1％割増）									
	近接性評価割引		電圧区分別 a	～6kV	～6kV	～6kV	～6kV	～6kV	～6kV	～6kV	～6kV	～6kV	～6kV
				0.59	0.54	0.68	0.62	0.45	0.70	0.52	0.55	0.37	0.43
			電圧区分別 b	6kV～100kV	6kV～154kV	6kV～140kV	6kV～140kV	6kV～140kV	6kV～140kV	6kV～100kV	6kV～100kV	6kV～100kV	6kV～60kV
				0.42	0.43	0.40	0.31	0.26	0.41	0.48	0.46	0.28	0.35
			電圧区分別 c	100kV～	154kV～	140kV～	140kV～	140kV～	140kV～	100kV～	100kV～	100kV～	60kV～
				0.22	0.22	0.21	0.16	0.13	0.21	0.24	0.24	0.14	0.17
	ピークシフト割引	特高	基本	348.84	380.16	316.44	183.60	363.96	237.60	284.04	384.48	361.80	280.80
		高圧	基本	523.80	572.40	463.32	231.12	495.72	302.40	430.92	437.40	383.40	410.40
予備送電サービス	A料金	特高	基本	97.20	69.12	64.80	46.44	71.28	72.36	60.48	79.92	64.80	55.08
		高圧	基本	75.60	77.76	70.20	65.88	75.60	74.52	75.60	59.40	75.60	51.84
	B料金	特高	基本	118.80	98.28	75.60	75.60	93.96	111.24	88.56	132.84	108.00	79.92
		高圧	基本	102.52	98.28	86.40	109.08	119.88	145.80	145.80	84.24	97.20	78.84

※昼間電力量については、日曜、国民の祝日に関する法律に規定する日、各社が定める指定日をのぞく8時～22時（沖縄エリアは9時～23時）の電力量
※従量接続送電サービスは、自己等への電気の供給（自己託送）を希望した場合のみに適用

Ⅱ　コージェネレーション関連法規の解説

II.1.24.2 系統連系時の電力品質確保に係る電気設備の技術基準の解釈の概要

		低 圧 配 電 線
適用の範囲		電力品質確保に係る系統連系技術要件ガイドライン ： 一般送配電事業者がその供給区域内で設置する発電設 電気設備の技術基準の解釈（系統連系技術要件に係るもの） ： 電気事業者以外の者が発電設備等を電力系統
協 議		実際の連系に当たっては、発電設備の設置者及び系統側電気事業者は誠意を持って協議に当たる。
容 量		原則として 50kW 未満
		同期発電機・誘導発電機・二次励磁制御巻線型誘導発電機を用いた発電設備の連系は原則として逆潮流無。
電気方式		(1) 発電設備等の電気方式は (2) に定める場合を除き、連系する系統の電気方式と同一とする。 (2) 発電設備等の電気方式は、次のいずれかに該当する場合、連系する系統の電気方式と異なってもよい。 　① 最大使用電力に比べ発電設備等の容量が非常に小さく、相間の不平衡による影響が実態上問題とならない場合。 　② 単相3線式の系統に単相2線式 200V の発電設備を連系する場合であって、受電点の遮断器を開放したときなどに負荷の不平衡により生じる過電圧に対して逆変換装置を停止する対策、又は発電設備等を解列する対策を行う場合。
力 率	逆潮流なし	受電点力率は、適正なものとして原則遅れ 85% 以上。 又は、発電設備等自体の運転力率が、系統側から見て遅れ 95% 以上。
	逆潮流あり	原則として受電点力率が、系統側からみて 85% 以上、かつ進み力率とならない。 ただし、次のいずれかに該当する場合には、受電点力率を 85% 以上としなくてもよい。 　① 電圧上昇を防止するうえでやむを得ない場合は、力率を 80% まで制御可能。 　② 逆変換装置を用いる場合であって、そので定格出力が小出力である場合、又は、一般住宅の負荷のように、に近く、受電点力率が適正と考えられる場合（この場合、発電設備力率を無効電力で制御する時には 85%。
系統連系保護リレー等による自動解列が必要な場合		(1) 発電設備等に異常又は故障が生じた場合。 (2) 連系された電力系統に短絡事故、地絡事故又は高低圧混触事故が発生した場合。 (3) 発電設備等が単独運転になった場合、又は逆充電の状態になった場合。

保護リレー等の設置			低圧配電線			高	
	保護リレー等		逆変換装置を用いて連系		逆変換装置を用いずに連系	逆変換装置を用いて連	
	検出する異常	種類	逆潮流有り	逆潮流無し	逆潮流無し	逆潮流有り	逆潮流無し
	発電電圧異常上昇	過電圧リレー	○※1	○※1	○※1	○※1	○※1
	発電電圧異常低下	不足電圧リレー	○※1	○※1	○※1	○※1	○※1
	系統側短絡事故	不足電圧リレー	○※2	○※2	○※5	○※2	○※2
		短絡方向リレー			○※6		
	系統側地絡事故・高低圧混触事故（間接）	単独運転検出装置	○※3	○※4	○※7		
	系統側地絡事故	電流差動リレー					
		地絡過電圧リレー				○※10	○※10
	単独運転 又は 逆充電 （スポットネットワーク配電線時は、単独運転）	単独運転検出装置	○※3				
		逆充電検出機能を有する装置		○※4			
		周波数上昇リレー	○			○※11	
		周波数低下リレー	○	○	○	○	○※14
		逆電力リレー		○	○※8		○※15
		不足電力リレー			○※9		
		転送遮断装置又は単独運転検出装置				○※12 ※13	

※17: 発電設備等引出口に設置する地絡過電圧リレーにより、系統側地絡事故が検知できる場合又は地絡方向継電装置付
※18: 誘導発電機（二次零時制御巻線形誘導発電機を除く）を用いる風力発電設備、その他出力変動の大きい発電設備等
※19: 連系する系統が中性点直接設置方式の場合は設置。
※20: 連系する系統が中性点直接設置方式以外の場合は設置。地絡過電圧リレーが有効に機能しない場合は地絡方向リレ
　　(1)電流差動リレーが設置されている場合。(2)発電設備等引出口にある地絡化過電圧リレーにより系統側地絡事故
　　(4)逆電力リレー、不足電力リレー又は受動的方式の単独運転検出装置により高速に単独運転を検出し、発電設備等
※21: 同期発電機を用いる場合は設置する。ただし、電流差動リレーが設置されている場合は省略可。短絡方向リレーが
※22: 逆電力リレー機能を有するネットワークリレーを設置した場合は省略可。

Ⅱ　コージェネレーション関連法規の解説

高 圧 配 電 線	特 別 高 圧 電 線 路	スポットネットワーク配電線
備等以外の発電設備等を系統連系する場合		
に連系する場合		
原則として 2,000kW 未満	原則として 10,000kW 未満	原則として 10,000kW 未満

発電設備等の出力容量の合計契約電力に比べて極めて小さい場合には、契約電力における電圧の連系区分により下位の電圧での連系区分に連系できる。

(1) 発電設備等の電気方式は (2) に定める場合を除き、連系する系統の電気方式と同一とする。
(2) 発電設備等の電気方式は、次のいずれかに該当する場合には、連系する系統の電気方式と異なってもよい。
　① 最大使用電力に比べ発電設備等の容量が非常に小さく、相間の不平衡による影響が実態上問題とならない場合。

受電点力率は、標準的な力率に準拠して 85％以上、かつ系統側からみて進み力率とならない。

	受電点力率は、系統の電圧を適正に維持できる値。	高圧配電線との連系の逆潮流がない場合と同様。
負荷の使用状態にかかわらず、負荷力率が極めて 1 以上、制御しない時は 95％以上)		
(1) 発電設備等に異常又は故障が生じた場合。 (2) 連系された電力系統に短絡事故又は地絡事故が発生した場合。 (3) 発電設備等が単独運転になった場合。	(1) 発電設備等に異常又は故障を生じた場合。 (2) 連系された電力系統に短絡事故又は地絡事故を発生した場合。ただし、電力系統側の再閉路方式により発電設備等を解列する必要がない場合を除く。	(1) 発電設備等に異常又は故障を生じた場合。 (2) スポットネットワーク配電線の全回路の電源が喪失し、発電設備等が単独運転となった場合。

圧配電線		特別高圧電線		スポットネットワーク配電線
逆変換装置を用いずに連系		逆変換装置を用いて連系	逆変換装置を用いずに連系	
逆潮流有り	逆潮流無し			
○※1	○※1	○※1	○※1	○※1
○※1	○※1	○※1	○※1	○※1
○※5	○※5	○※2	○※5	
○※16	○※16		○※21	
		○※19	○※19	
○※17	○※17	○※20	○※20	
○※11				
○	○※14			○
	○			○※22
				○
○※12 ※13 ※18				

※1: 発電設備等自体の保護用に設置するリレーにより検出し、保護できる場合は省略可
※2: 発電電圧異常低下検出用の不足電圧リレーにより検出し、保護できる場合は省略可。
※3: 受電の方式および能動的方式のそれぞれ 1 方式以上を含むものであること。系統側地絡事故・高低圧混触事故（間接）については、単独運転検出用の受動的方式等により保護すること。
※4: 逆潮流有りの発電設備等と逆潮流無しの発電設備等が混在する場合は、単独運転検出装置を設置すること。逆充電検出機能を有する装置は、不足電圧検出機能および不足電力検出機能の組み合わせ等により構成されるもの、単独運転検出装置は、受動的方式及び能動的方式のそれぞれ 1 方式以上を含むものであること。系統側地絡事故・高低圧混触事故（間接）については、単独運転検出用の受動的方式等により保護すること。
※5: 誘導発電機を用いる場合は設置すること、ただし発電電圧異常低下検出用の不足電圧リレーにより検出し、保護できる場合は省略可。
※6: 同期発電機を用いる場合は設置すること。ただし発電電圧異常低下検出用の不足電圧リレー又は過電流リレーにより、系統側地絡事故を検出し保護できる場合は省略できる
※7: 高速で単独運転を検出し、発電設備等を解列できる受動的方式のものに限る
※8: ※7 で示す装置で単独運転を検出し、保護できる場合は省略可。
※9: 発電設備等の出力が、構内の負荷より常に小さく、※7 で示す装置及び逆電力リレーで単独運転を検出し、保護できる場合は省略可。ただしこの場合には※8 は省略できない。
※10: 構内低圧線に連系する場合であって、発電設備等の出力が受電電力に比べて極めて小さく、単独運転検出装置等により高速に単独運転を検出し、発電設備等を停止か解列する場合又は地絡方向継電装置付き高圧交流負荷開閉器から、零相電圧を地絡過電圧リレーに取り込む場合は、省略可。
※11: 専用線と連系する場合は省略可。
※12: 転送遮断装置は、発電設備等を連系している配電用変電所の遮断器の遮断信号を、電力保安通信線又は電気通信事業者の専用回線で伝送し、発電設備等を解列することができるもの。
※13: 単独運転検出装置は能動的方式を 1 方式以上含むものであり、次の条件を全て満たすもの。
　(1) 系統のインピーダンスや負荷の状態等を考慮し、必要な時間内に確実に検出できるもの。
　(2) 頻繁な不要解列を生じさせない検出感度であること。
　(3) 能動信号は系統への影響が実態上問題とならないものであること。
※14: 専用線であって、逆電力リレーにより単独運転を高速に検出し、保護できる場合は省略可。
※15: 構内低圧線に連系する場合であって、発電設備等の出力が受電電力に比べて極めて小さく、受動的方式及び能動的方式のそれぞれ 1 方式以上を含む単独運転検出装置等により高速に単独運転を検出し、発電設備等を停止か解列する場合は省略可。
※16: 同期発電機を用いる場合は設置すること。

き高圧交流負荷開閉器あら、零相電圧を地絡過電圧リレーに取り込む場合は省略。
において、周波数上昇リレーおよび周波数低下リレーにより単独運転を高速かつ確実に検出し保護できる場合は除く。

一、電流差動リレー又は回線選択リレーを設置。ただし、次の条件を満たす場合は、地絡過電圧リレーの設置を省略可。
が検知できる場合、(3)発電設備等の出力が構内負荷より小さく周波数低下リレーにより高速に単独運転を検出し、発電設備等を解列することがでいる場合
を解列することができる
有効に機能しない場合は、短絡方向距離リレー、電流差動リレー又は回線選択リレーを設置。

	低圧配電線
保護装リレーの設置場所	受電点その他故障の検出が可能な場所。
発電設備等の解列	(1) 発電設備等の解列は、次のいずれかの場所とする。 　① 受電用遮断器 　② 発電設備等の出力端に設置する遮断器又はこれと同等の機能を有する装置 　③ 発電設備等の連絡用遮断器 (2) 解列用遮断装置は、系統の停電中および復電後、確実に復電したとみなされるまでの間は投入を阻止し、発電設備等が系統に連系できない機構とする。 (3) 逆変換装置の設置状況による取扱いは次の通り。

	逆変換装置有り	逆変換装置無し
連系運転	①2ヶ所の機械的開閉箇所を開放。 ②1ヶ所の機械的開閉箇所を開放＋逆変換装置のゲートブロックを行う。 ※受動的方式の単独運転検出装置動作時は、逆変換装置のゲートブロックのみとすることができる。	①2ヶ所の機械的開閉箇所を開放。
自立運転	①2ヶ所の機械的開閉箇所を開放＋連系復帰時の非同期投入防止装置を設置 ②1ヶ所の機械的開閉箇所を開放＋系統停止時の誤投入＋連系復帰時の機械的非同期投入防止 機構	①2ヶ所の機械的開閉箇所を開放＋連系復帰時の非同期投入防止装置を設置

保護リレーの設置相数	単相2線式	単相3線式	三相3線式
	周波数上昇リレー……1相設置 周波数低下リレー……1相設置 逆電力リレー…………1相設置 過電圧リレー…………1相設置 不足電力リレー………1相設置 不足電圧リレー………1相設置 短絡方向リレー………1相設置 逆充電検出機能を有する装置 不足電圧リレー………1相設置 不足電力リレー………1相設置	周波数上昇リレー……1相設置 周波数低下リレー……1相設置 逆電力リレー…………1相設置 過電圧リレー…………2相設置 不足電力リレー………2相設置 不足電圧リレー………2相設置 短絡方向リレー………2相設置 逆充電検出機能を有する装置 不足電圧リレー………2相設置 不足電力リレー………2相設置	周波数上昇リレー……1相設置 周波数低下リレー……1相設置 逆電力リレー…………1相設置 過電圧リレー…………2相設置 不足電力リレー………2相設置 不足電圧リレー………3相設置 短絡方向リレー………3相設置 逆充電検出機能を有する装置 不足電圧リレー………2相設置 不足電力リレー………3相設置

変圧器（逆変換装置使用時）	（1）受電点と逆変換装置間に変圧器（単巻変圧器を除く）を施設する。（施設する変圧器は、直流流出防止専用で （2）変圧器の施設においては、次のいずれかに該当する場合には、この限りではない。 　① 逆変換装置の交流出力側に直流を検出し、かつ、直流検出時に交流出力を停止する機能を持つ場合。 　② 逆変換装置の直流側回路が非接地である場合、又は逆変換装置に高周波変圧器を用いる場合。
自動負荷制限・発電制御	

Ⅱ　コージェネレーション関連法規の解説

高　圧　配　電　線	特　別　高　圧　電　線　路	スポットネットワーク配電線
		ネットワーク母線又はネットワーク変圧器の二次側で故障の検出が可能な場所。
(1) 発電設備等の解列は、次のいずれかの場所とする。 　① 受電用遮断器 　② 発電設備等の出力端に設置する遮断器又はこれと同等の機能を有する装置 　③ 発電設備等の連絡用遮断器 　④ 母線連絡用遮断器		(1) 発電設備等の解列は、次のいずれかの場所とする。 　① 発電設備等の出力端に設置する遮断器又はこれと同等の機能を有する装置 　② 母線連絡用遮断器 　③ プロテクタ遮断器 複数の相に保護リレーを設置する場合は、いずれかの相で異常を検出した場合に解列する。 (2) 逆電力リレー（ネットワークリレーの逆電力リレー機能での代用可）で全回転において逆電力を検出した場合は、時限をもって発電設備等を解列する。 (3) 発電設備等を連系する電力系統において事故が発生した場合は、系統側変電所の遮断器解放後に、逆潮流を逆電力リレー（ネットワークリレーの逆電力リレー機能で代用可）で検出することにより事故回線のプロテクタ遮断器を解放し、健全回線との連携は原則として保持し、発電設備等は解列しない。
地絡過電圧リレー…1相設置(零相回路) 過電圧リレー………1相設置 周波数低下リレー…1相設置 周波数上昇リレー…1相設置 逆電力リレー………1相設置 短絡方向リレー……3相設置　※1 不足電圧リレー……3相設置　※2 ※1：連系している系統と協調がとれる場合は、2相とすることができる。 ※2：同期発電機を用いる場合であって、短絡方向リレーと協調がとれる場合は、1相とすることができる。	地絡過電圧リレー…1相設置(零相回路) 短絡方向リレー……1相設置(零相回路) 地絡検出用電流差動リレー 　………1相設置(零相回路) 地絡検出用回線選択リレー 　………1相設置(零相回路) 過電圧リレー…………………1相設置 周波数低下リレー……………1相設置 逆電力リレー…………………1相設置 不足電力リレー………………2相設置 短絡方向リレー………………3相設置 不足電圧リレー………………3相設置 短絡検出・地絡検出兼用電流差動リレー 　………………3相設置 短絡用電流差動リレー………3相設置 短絡方向距離リレー…………3相設置 短絡検出用回線選択リレー…3相設置	過電圧リレー…………1相設置 不足電圧リレー………1相設置 周波数低下リレー……1相設置 逆電力リレー…………3相設置
あることを要しない)		
(1) 発電設備等の脱落時等に連系された配電線路や配電用変圧器等が過負荷となるおそれがある場合は、自動的に負荷制限する対策を実施する。	(1) 高圧兵電線の連系と同様。 (2) 発電設備等の脱落時等に連系された配電線路や配電用変圧器等が過負荷となるおそれがある場合は、自動的に負荷制限する対策を実施する。原則として100kV以上の特別高圧電線路と連系する場合には、必要に応じて過負荷検出装置を設置し発電制御を行う。	高圧配電線の連系と同様

			低 圧 配 電 線
線路無電圧確認装置の設置			
逆潮流の制限			———
常時電圧変動対策			発電設備等からの逆潮流により低圧需要家の電圧が適正値（101±6V、202±20V）を逸脱するおそれがあるときは、進相無効電力制御機能又は出力制御機能により自動的に電圧を調整する対策を行う。 これにより対応できない場合は、配電線の増強等を行う。
瞬時電圧変動対策	同期発電機を用いる場合		制御巻線付きのもの、又は同等以上の乱調防止効果を有する制動巻線付きでない同期発電機を使用するとともに自
	二次励磁制御巻線形誘導発電機を用いる場合		自動同期検定機能を有するものを用いる。
	誘導発電機を用いる場合		(1) 並列時の瞬時電圧低下により系統電圧が常時電圧から10%を超えて逸脱するおそれがある時は、限流リアクト (2) これにより対応できない場合は同期発電機を採用。
	逆変換装置	自励式	自動的に同期がとれる機能のものを使用。
		他励式	(1) 並列時の瞬時電圧低下により系統電圧が常用電圧から10%を超えて逸脱するおそれがある時は、限流リアクトル等を設置。 (2) これにより対応できない場合は自励式を採用するか配電線を増強。

II　コージェネレーション関連法規の解説

高 圧 配 電 線	特 別 高 圧 電 線 路	スポットネットワーク配電線
(1) 再閉路時の事故防止のために、発電設備等を連系する変電所の引出口に線路無電圧確認装置を設置する。 (2) ただし次のいずれかに該当する場合省略可。 ① 逆潮流が無い場合で、保護リレー、計器用変流器、計器用変圧器、遮断器および制御用電源配線が相互予備となるように2系列化されているとき。なお、次のいずれかにより簡素化可能。 　・1系列は不足電力リレーのみ。 　・計器用変流器は、不足電力リレーを計器用変流器末端に配置の場合、兼用可能。 　・計器用変圧器は、不足電力リレーを計器用変圧器末端に配置の場合、兼用可能。 ② 電力系統に発電設備等を連系する場合で、次のいずれかに適合するとき。 　・転送遮断装置＋能動的単独運転検出装置を設置し、それぞれが別の遮断器により連系を遮断できる。 　・2方式以上の単独運転検出装置（能動的1方向以上）を設置し、それぞれが別の遮断器により連系を遮断できる。 　・能動的単独運転検出機能＋逆電力リレーを設置し、それぞれが別の遮断器により連系を遮断できる。 　・専用線で連系する場合で、自動再閉路を実施しない	(1) 再閉路時の事故防止のために、発電設備等を連系する変電所の引出口に線路無電圧確認装置を設置する。 (2) ただし次のいずれかに該当する場合省略可。 ① 逆潮流が無い場合で、保護リレー、計器用変流器、計器用変圧器、遮断器および制御用電源配線が相互予備となるように2系列化されているとき。なお、次のいずれかにより簡素化可能。 　・1系列は不足電力リレーのみ。 　・計器用変流器は、不足電力リレーを計器用変流器末端に配置の場合、兼用可能。 　・計器用変圧器は、不足電力リレーを計器用変圧器末端に配置の場合、兼用可能。	
発電設備を連系する配電用変電所のバンクにおいて常に逆潮流が生じないこと。	────	────
(1) 一般配電線との連系であって、発電設備等の脱落等により低圧需要家の電圧が適正値（101±6V、202±6V）を逸脱するおそれがある時は、自動的に負荷を制限する対策を行う。 (2) 発電設備等からの逆潮流により低圧需要家の電圧が適正値（101±6V、202±20V）を逸脱するおそれがある時は自動的に電圧の調整する対策を行う。 上記により対応できない場合は、配電線の増強又は専用線による連系とする。	発電設備等の連系による電圧変動が常時電圧の概ね1～2％以内を逸脱するおそれがあるときは、自動的に電圧を調整する対策を行う。	発電設備等の脱落等による電圧変動が常時電圧の概ね1～2％以内を逸脱するおそれがあるときは、自動的に負荷を調整する対策を行う。
動同期検定装置を設置。		
・ル等を設置。	(1) 並列時の瞬時電圧低下により系統電圧が常時電圧から2％程度を超えて逸脱するおそれがある時は、限流リアクトル等を設置。 (2) これにより対応できない場合は、同期発電機を採用。	低圧、高圧配電線の連系と同様。
(1) 並列時の瞬時電圧低下により系統電圧が常時電圧から10％を超えて逸脱するおそれがある時は、限流リアクトル等を設置。 (2) これにより対応できない場合は、自励式を採用。	(1) 並列時の瞬時電圧低下により系統電圧が常時電圧から2％程度を超えて逸脱するおそれがある時は、限流リアクトル等を設置。 (2) これにより対応できない場合は、自励式を採用。	高圧配電線の連系と同様。

		低圧配電線
不要解列の防止	電圧低下時間が整定時間以内	発電設備等は解列せず、運転継続又は自動復帰できるシステム。
	整定時間を超える場合	解列。
	連系された系統の事故などの場合	
	連系された系統以外の事故などの場合	————
短絡容量		同期発電機又は誘導発電機を用いる場合であって、発電設備の連系により系統の短絡容量が他者の遮断器の遮断容量を上回る おそれがある時は、発電設備の設置者において短絡電流を制御する装置（限流リアクトル等）を設置する。
発電設備等の運転制御装置の付加		————
中性点設置装置の付加と電磁誘導障害対策の実施		————
連絡体制		————
単独運転	逆潮流あり	————
	逆潮流なし	————

高　圧　配　電　線	特　別　高　圧　電　線　路	スポットネットワーク配電線
――	――	(1) 事故回線のプロテクタ遮断器を開放 (2) 健全回線との連系は原則として保持 (3) 発電設備等は解列しない
原則として解列しない。 解列する場合は、逆電力リレー、不足電力リレー等による解列を自動再閉路時間より短い時限、かつ、過渡的な電力変動による当該発電設備等の不要な遮断を回避できる時限で行う。		解列しない。
発電設備の連系により系統の短絡容量が他者の遮断器の遮断容量（一般受電用遮断器容量については150MVA）等を上回るおそれがある時は、発電設備の設置において短絡容量を制御する装置（限流リアクトル等）を設置する。 これにより対応できない場合には、異なる変電所バンク系統への連系、特別高圧電線路への連系その他の短絡容量対策を講じるものとする。	発電設備の連系により系統の短絡容量が他者の遮断器の遮断容量を上回るおそれがある時は、発電設備の設置において短絡容量を制御する装置（限流リアクトル等）を設置する。 これにより対応できない場合には、異なる変電所バンク系統への連系、上位電圧の電線路への連系その他の短絡容量対策を講じるものとする。	
発電設備の連系により系統の短絡容量が他者の遮断器の遮断容量を上回るおそれがある時、短絡電流を制御する装置（限流リアクトル等）を設置する。		
――	原則として100kV以上の特別高圧電線路と連系する場合は、発電設備等に必要な運転制御装置を設置。	――
――	単独運転時において地絡事故により異常電圧が発生するおそれ等があるときは、変圧器の中性点に規程に準じて接地工事を施すこと。 またこれにより、一般送電事業者が運用する電力系統内において電磁誘導障害防止対策及び地中ケーブル防護対策の強化等が必要となった場合は適切な対策を施す。	――
一般送配電事業者と発電設備等設置者間に保安通信用電話設備（専用保安通信用電話設備、電気通信事業者の専用回線電話）を設置。 ただし、35kV以下の電線路に連系する場合、一定条件を満たす一般加入電話又は携帯電話等も可能。		
	60kV以上の特別高圧電線路と連系し逆潮流が有る場合には、系統側電気事業者の給電所等と発電設備等設置者間に情報が相互に交換できるようスーパービジョン及びテレメータを設置。	
――	原則として単独運転は可能。ただし、適正な電圧・周波数を逸脱した単独運転を防止するため、周波数上昇リレー及び周波数低下リレー、又は転送遮断装置を設置。	――
――	単独運転を防止するため、周波数上昇リレー及び周波数低下リレーを設置。ただし、周波数上昇リレー又は周波数低下リレーにより検出・保護できないおそれがあるときは、逆電力リレーを設置。	――

II.2 消防法

コージェネは燃料及び潤滑油等の可燃物を消費し、また、貯蔵する設備であることから、「火気を使用する設備」として、加えて「危険物の貯蔵」等によって消防法の適用を受けることとなる。また、消防法において建物の一定規模用途に応じて消防用設備（「非常電源」）を設置することが規定されている為、コージェネがその非常電源として設置される場合がある。

すなわち、消防法におけるコージェネは「火気を取扱い、危険物の貯蔵を要する注意すべき設備」であり、また非常電源と兼用する設備にあっては、「火災等の非常時に消火設備等を稼動させ、安全を担保する為の非常用の電源」としての2つの性格を有する設備といえる。

本項では、この視点に基づいて解説する。

II.2.1 消防法の体系と使用開始までの概略の流れ

法、政令、省令等についての体系を次に示す。

	消 防 法	
政 令	消防法施行令	危険物の規制に関する政令
省 令	消防法施行規則	危険物の規制に関する規則
告 示	―	危険物の規制に関する技術との基準の細目を定める告示
条 例		火災予防条例（例）

なお、「火災予防条例（例）」は、法第9条、法第9条の2、法第9条の4及び法第22条第4項の規定に基づいて次の事項を定めるものである。
(1) 火を使用する設備の位置、構造及び管理の基準等
(2) 住宅用防災機器の設置及び維持に関する基準等
(3) 指定数量未満の危険物の貯蔵及び取扱いの基準等
(4) 火災に関する警報の発令中における火の使用の制限
(5) 市、町、村における火災予防上必要な事項

法に従って市町村ごとに火災予防条例を定めることになっているが、市町村にその規制を行わせることを目的として総務省消防庁から上記事項に関する火災予防条例（例）が示され、地方の環境等の実態に合わせて規定される。

次に、使用開始までの概略の流れを示す。

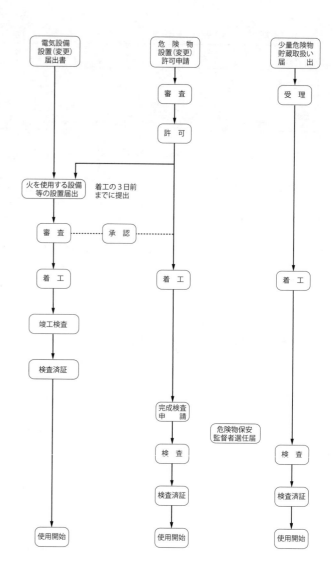

II.2.2 「火を使用する設備等」としての消防法による規制

消防法において、コージェネは「火を使用する設備等」に該当し、法第9条の規制を受ける。

> ＜火を使用する設備、器具等に対する規制＞
> 第9条　かまど、風呂場その他火を使用する設備又はその使用に際し、火災の発生のおそれのある設備の位置、構造及び管理、こんろ、こたつその他火を使用する器具又はその使用に際し、火災の発生のおそれのある器具の取扱いその他火の使用に関し火災の予防のために必要な事項は、政令で定める基準に従い市町村条例でこれを定める。

火を使用する設備の設置、構造及び管理の基準等については、火災予防条例（例）第3条から第9条に示されている。また、政令（施行令第5条から施行令第5条の5）においては、火気の発生のおそれのある設備、即ち、「対象火気設備等」のひとつにあげられ、
第5条　対象火気設備等の位置、構造及び管理に関す

る条例の基準
第5条の2　対象火気器具等の取扱いに関する条例の基準他によって、火災の予防の為の基準等が定められている。

Ⅱ.2.2.1　位置、構造及び管理に関する基準

対象火気設備等の位置、構造及び管理に関する基準について、施行令第5条に次の事項が示されている。また、それら事項の具体的な要件等については総務省令（「対象火気設備等の位置、構造及び管理並びに対象火気器具等の取扱いに関する条例の制定に関する基準を定める省令」2002（平成14）年総務省令第24号）（以下、対象火気省令）に定められているので、関係省令を括弧内に示した。

(1) 火災予防上安全な距離を保つ位置に設けること（対象火気省令第4条、第5条）
(2) 可燃物が落下し、又は接触するおそれがなく、かつ可燃性の蒸気若しくは可燃性のガスが発生し、又は滞留するおそれのない位置に設けること
(3) 不燃性の床等の上に設けること（対象火気省令第6条、第7条）
(4) 外部への延焼を防止する為の措置が講じられた室に設けること（対象火気省令第8条、第9条）
(5) 火災の発生のおそれのある部分について、不燃材料で造る等防火上有効な措置が講じられた構造とすること（対象火気省令第10条）
(6) 火災が発生するおそれが少ないよう防火上有効な措置が講じられた構造とすること（対象火気省令第11条）
(7) 振動又は衝撃により容易に転倒等しないよう、また、接続部が容易に緩まない構造とすること（対象火気省令第12条）
(8) 燃料タンク及び配管は、燃料の漏れを防止し、かつ、異物を除去する措置が講じられた構造とすること（対象火気省令第13条）
(9) 風道、燃料タンク等については、ほこり、雨水その他機能に支障を及ぼすおそれのあるものが入らないような措置が講じられた構造にすること（対象火気省令第14条）
(10) 内部の温度又は蒸気圧が過度に上昇した場合の他異常が生じた場合に安全を確保するために必要な装置を設けること（対象火気省令第15条）
(11) 必要な点検、整備を行い、周囲の整理、清掃に努める等適切な管理を行うこと

コージェネに関係する事項について、その概要を次に示す。なお、火災の予防のために必要な事項に係る市町村長等が定める為の条例制定基準については対象火気省令第16条で定められている。

(1) 屋外に設けるものにあっては、建築物から3m以上の距離を保つこと。
　ただし、次のものを除く。
　① 気体燃料を使用するピストン式内燃機関を原動力とする発電設備及び燃料電池発電設備（固体高分子形、固体酸化物形燃料電池による発電設備のうち火を使用するものに限る。）のうち、出力10kW未満であって、その使用に際し異常が生じた場合において安全を確保するための有効な措置が講じられているもの
　② 燃料電池発電設備、変電設備、内燃機関を原動力とする発電設備及び蓄電池設備のうち、消防長（消防本部を置かない市町村においては、市町村長）又は消防署長が火災予防上支障がないと認める構造を有するキュービクル式のもの等、延焼を防止するための措置が講じられているもの
(2) 燃料電池発電設備、変電設備、内燃機関を原動力とする発電設備及び蓄電池設備（建築設備を除く。）にあっては、水が浸入し、又は浸透するおそれのない位置に設けること。

Ⅱ.2.2.2　取扱いに関する基準

対象火気設備等の取扱いに関する基準について、施行令第5条の2に次の事項が示されている。
(1) 建築物等及び可燃物との間に火災予防上安全な距離を保つこと（対象火気省令第19条、第20条）。
(2) 振動・衝撃により容易に可燃物が落下し、又は接触するおそれがなく、かつ、可燃性の蒸気又は可燃性のガスが滞留するおそれのない場所で使用すること。
(3) 振動・衝撃により容易に転倒し、又は落下するおそれのない状態で使用すること。
(4) 屋外で使用する場合は、不燃性の床、台等の上で使用すること（対象火気省令第21条）。
(5) 周囲の整理、清掃等適切な管理を行うこと。

Ⅱ.2.2.3　具体的な設置計画における注意

これまで示して来たように、コージェネは設置の計画段階から使用、維持・管理にいたるまで、火災防止の為に幅広く消防法の適用を受けることとなる。

消防法、同施行令、同施行規則は、防火安全上の根幹を司るものであり、その要件を十分満足するよう注意しなければならない。

また、本項冒頭にも示したように、各市町村ごとに

その地域の実態等に合わせた火災予防条例が制定されているので、火災予防条例（例）のみで自ら判断することなく、設置を計画する場所の火災予防条例を確認の上、所轄消防機関と確認、打合せを行う必要がある。

II.2.2.4　火を使用する設備等としての設置届出

火災予防条例（例）に、火を使用する設備又はその使用に際し火災の発生のおそれのある設備のうち、次のコージェネ設備について、その旨を消防長（消防署長）に届出ることが定められている（第44条）。

(1) 燃料電池発電設備
　　（10kW未満であって火災予防条例（例）第8条の3に定める自動停止装置付きのものを除く）
(2) 内燃機関を原動力とする発電設備
　　（10kW未満のピストン式内燃機関で、技術上の基準を満たしているものを除く）
(3) 高圧又は特別高圧の変電設備
　　（全出力50kW以下のものを除く）
(4) 蓄電池設備
　　（定格容量と電槽数の積の合計が4,800アンペアアワー・セル未満のもの を除く）

実際の届出の際には、各行政における火災予防条例に従い、第IV章で示す「燃料電池発電設備設置（変更）届出書」「電気設備設置（変更）届出書」等の所定様式を用いて、定められた期日までに届出なければならない。

II.2.3　危険物の取扱いに伴う規制

コージェネは燃料等の石油類を使用し、又、貯蔵することから消防法における危険物の規制を受けることとなる。

II.2.3.1　危険物の分類

コージェネに関連する危険物として第4類危険物を次に示す（法第2条第7項別表第1より抜粋）。

類別	性質	品名	1気圧における引火点
第4類	引火性液体	1. 特殊引火物	零下20度以下
		2. 第1石油類（ガソリン等）	21度未満
		3. アルコール類	
		4. 第2石油類（軽油・灯油等）	21度以上　70度未満
		5. 第3石油類（重油等）	70度以上　200度未満
		6. 第4石油類（ギヤー油、シリンダー油等）	200度以上　250度未満
		7. 動植物油類	250度未満

II.2.3.2　指定数量

指定数量とは、危険物の危険性を考えて「危険物の規制に関する政令」（以下。危政令）で定められたものである（危政令第1条の11別表第3）。

次の表に示すように、同じ石油類であっても性質が違うと指定数量も異なる。

類別	品名	指定数量(非水溶性)	指定数量(水溶性)
第4類	第1石油類（ガソリン等）	200ℓ	400ℓ
	第2石油類（軽油、灯油等）	1,000ℓ	2,000ℓ
	第3石油類（重油等）	2,000ℓ	4,000ℓ
	第4石油類（ギヤー油、シリンダー油等）	6,000ℓ	—

なお、貯蔵、取扱いの数量によって規制の扱いが異なる。

・指定数量以上：消防法の規定に基づく危険物施設として規制
・指定数量未満：市町村等の火災予防条例に基づいて規制

市町村等の火災予防条例に基づいて規制されるものとして指定数量未満の危険物以外にも、火災が発生した場合にその拡大が速やかであり、又は消火の活動が著しく困難になるものとして指定可燃物も規制を受ける。（法9条の4）

指定可燃物は、「危険物の規制に関する政令」で定められた物品で一定数量以上のものとされる（危政令第1条の12別表4）。

コージェネに関連する物品を示す。

品名	数量	1気圧における引火点
可燃性液体類	2 ㎥	250度以上

II.2.3.3　危険物の貯蔵、取扱い

(1) 指定数量以上の危険物貯蔵、取扱い

指定数量以上の危険物を貯蔵して取扱う場合、及び貯蔵所の位置、構造等を変更する場合は、都道府県知事又は市町村長の許可が必要となる（法第11条）。

＜許可の要件＞

・貯蔵所等の位置、構造、設備が法10条第4項、危政令第10条から第16条で定める技術上の基準に適合していること。
・危険物の貯蔵又は取扱いが公共の安全の維持又は災害の発生の防止に支障を及ぼすおそれのないものであること。

＜完成検査＞

・許可を受けた者が貯蔵所等を設置又は変更した時、都道府県知事又は市町村長が行う完成検査を受け、技術上の基準に適合していると認められた後でなければ使用してはならない。ただし、貯蔵所等の位置、構造又は設備を変更する場合において、当該貯蔵所等のうち当該変更の工事に係る部分以外の部分の全部又は一部について承認を受けたときは、完成検査

を受ける前においても、仮に、当該承認を受けた部分を使用することができる。（法第11条の5）

なお、指定数量の30倍を超える貯蔵、取扱いにおいては、危険物保安監督者を定め、遅滞なく都道府県知事又は市町村長、消防長（消防署長）に届出なければならない（法第13条、危政令第31条の2）。危険物保安監督者を要する施設はⅢ.2.2の要約を参照のこと。

液体の危険物を貯蔵、取扱うタンク（指定数量以上）を設置する場合、完成検査を受ける前の工事ごとに検査前検査を受ける事が義務付けられている（法第11条の2第1項、危政令第8条の2）。

(2) 指定数量未満の危険物（少量危険物）及び指定可燃物の取扱いについて

指定数量未満の危険物は「少量危険物」と言われているが、その貯蔵、取扱いについては、市町村ごとに定められる火災予防条例に基づいて規制される。

指定可燃物についても同様に火災予防条例に基づき規制される。

(3) 指定数量の1/5以上指定数量未満の取扱いについて

指定数量の1/5以上指定数量未満の危険物を貯蔵、取扱う者は、あらかじめ、所轄の消防長又は消防署長に届出なければならない（火災予防条例（例）46条）。

なお、規制の内容については、指定数量以上の危険物の基準に準じた地域の火災予防条例をあらかじめ確認しておく必要がある。

(4) 指定数量の1/5未満の危険物の取扱いについて

届出の規定はない。

Ⅱ.2.3.4　危険物に関する申請・届出

取扱う危険物の数量によって手続きが異なる（表2.9）。

Ⅱ.2.3.5　圧縮アセチレン等の貯蔵・取扱い開始届出（液化石油ガスエア発生装置・アンモニア等の消火活動阻害物質）

(1) 液化石油ガスエア発生装置

非常時にプロパンガスと空気を混合してコージェネへ燃料を供給し、その運転を継続させる液化石油ガスエア発生装置は、貯蔵量が300kg以上となると法第9条第3項及び危政令第1条の10により、「圧縮アセチレン等の貯蔵又は取扱いの開始届出書」を貯蔵又は取扱い開始前に所轄の消防署に届ける必要がある。

また、貯蔵量が3,000kg以上となると、高圧ガス保安法により第1種または第2種貯蔵所になるので、「Ⅱ.10高圧ガス保安法」を参照のこと。この場合には、消防署への「圧縮アセチレン等の貯蔵又は取扱いの開始届出書」の届出は不要となる。

(2) 脱硝用アンモニアの貯蔵

アンモニアについても、貯蔵量が200kg以上となる場合には、前項と同様に所轄の消防署に届ける必要がある。

【根拠法令】
消防法　第9条の3
危険物の規制に関する政令　第1条の10，別表第2
危険物の規制に関する規則　第1条の5，様式第1

Ⅱ.2.4　消防用設備等の非常電源としてのコージェネ

Ⅱ.2.4.1　消防用設備等とは

消防用設備等とは、火災の早期発見、早期通報、初期消火や避難誘導等を行うための防災用の設備であり、防火対象物の用途ごとに、政令で定められる技術上の基準に従い設置維持されるものである。

次項で解説する建築基準法においても防災用の設備が規定されており、常用防災兼用機（常用電源と非常用電源を兼ねる自家発電設備）としてのコージェネの導入を計画する際には、規定に当てはまる全ての防災設備を対象として検討する必要がある。

消防法および建築基準法それぞれで設置を義務付けられる設備を分類して図2.6に示す。

Ⅱ.2.4.2　非常電源の設置義務

防火対象物の構造、規模等に応じた消防用設備等の設置について、施行令第2章第3節「設置及び維持の技術上の基準」（施行令第8条～第33条の2）に示されている。

非常電源については、電源を必要とする屋内消火栓設備、スプリンクラー設備などの消防用設備等に対して、常用の電源が遮断された場合でも有効に作動する

表2.9　取扱う危険物の数量ごとの手続き内容

取扱数量	申請（届出）の手続き	提出時期	提 出 先
指定数量以上	危険物貯蔵所（取扱所）設置許可申請 完成検査申請	着工前 完成時	都道府県知事又は市町村長
指定数量の1/5以上 指定数量未満	少量危険物貯蔵取扱届	完成時	所轄消防長 （消防署長）
指定数量の1/5未満	届出は必要ない	—	—

ように設置が義務付けられている。

II.2.4.3 非常電源の種類

施行規則第2章第2節「設置及び維持の技術上の基準」（施規第5条の2～第33条）において、消防用設備等の種類に応じた非常電源に関する必要な事項が技術上の基準として定められている。また、非常電源の種類として、「非常電源専用受電設備」、「自家発電設備」、「蓄電池設備」と「燃料電池設備」の4種類が定められている（施行規則第12条）。なお、劇場、デパート、旅館、病院等の特定防火対象物のうち延床面積1,000㎡以上のものは、非常電源として「非常電源専用受電設備」は認められていない。

非常電源の種類によっては、消防用設備等に用いることのできないものもある。表2.10に、消防用設備等の種類に応じ、適用できる非常電源とその容量（運転時間）を示す。

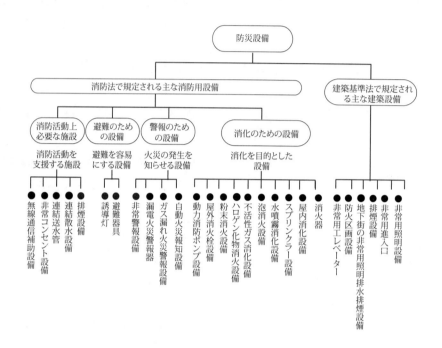

図2.6　防災設備の種類

表2.10　消防用設備等の種類に応じた非常電源とその容量

消防用設備等 \ 非常電源	蓄電池設備*1 自家発電設備 燃料電池設備	蓄電池設備（直交変換装置を有しないもの）	蓄電池設備と他の非常電源の併用	容量（以上）
屋内消火栓設備	○	○	—	30分間
スプリンクラー設備	○	○	—	30分間
水噴霧消火設備	○	○	—	30分間
泡消火設備	○	○	—	30分間
不活性ガス消火設備	○	○	—	60分間
ハロゲン化物消火設備	○	○	—	60分間
粉末消火設備	○	○	—	60分間
屋外消火栓設備	○	○	—	30分間
自動火災報知設備	—	○	—	10分間
ガス漏れ火災警報設備	—	○	○*2	10分間
非常警報設備	—	○	—	10分間
誘導灯	—	○	○*3	20分間*4
排煙設備	○	○	—	30分間
連結送水管（加圧送水装置）	○	○	—	120分間
非常コンセント設備	○	○	—	30分間
無線通信補助設備	—	○	—	30分間

＊1：直交変換装置を有するもの（ナトリウム・硫黄（NAS）電池、レドックスフロー（RF電池）
＊2：1分間以上の容量の蓄電池設備と、40秒以内に電源切替えが完了する自家発電設備、燃料電池設備、直交変換装置を有する蓄電池設備との併用。
＊3：20分間を超える容量部分については、自家発電設備、燃料電池設備、直交変換装置を有する蓄電池設備でも可。
＊4：大規模・高層の建築物等に設置される階段通路誘導灯については60分。

II.2.4.4 非常電源としての自家発電設備

(1) 構造・性能について

非常電源として求められる構造や性能については、施規第12条（屋内消火栓設備に関する基準の細目）で示されており、その概要は次のとおりである。

- 常用電源が停電した時は自動的に常用電源から非常電源に切り替えられるものであること。
- 消防用設備等に電力を供給する際に、法令で要求される時間以上有効に作動できる容量であること。
- 消防庁長官が定める基準「自家発電設備の基準」（1973年消防庁告示第1号）に適合すること。

(2) 設置場所について

施規第12条では設置場所の条件についても示されている。その内容を次に示す。

＜設置場所の条件＞

① 点検に便利で、火災等の災害による被害を受けるおそれが少ない箇所に設けること。

② 不燃材料（注1）で造られた壁、柱、床及び天井で区画され、窓及び出入口に防火戸（注2）を設けた専用の室に設けること。ただし、次に該当する場合は、この限りではない。

- 消防庁長官の定める基準に適合するキュービクル式自家発電設備で、不燃材料で区画された変電設備室、発電設備室、機械室、ポンプ室その他これらに類する室又は屋外若しくは屋上に設ける場合。
- 屋外又は主要構造物を耐火構造（注3）とした建築物の屋上に設ける場合で、隣接する建築物等から3m以上の距離を有するとき、又は当該発電設備から3m未満の範囲の隣接する建築物等の部分が不燃材料で造られ、その建築物等の開口部に防火戸が設けられている場合。

注1．建築基準法第2条第9号に規定する不燃材料。（同施行令第108条の2）

注2．建築基準法第2条第9号の二ロに規定する防火設備。（施行令第109条）

注3．建築基準法第2条及び同施行令第107条による。

③ キュービクル式自家発電設備は、その前面に1m以上の幅の空地を有し、かつ、他のキュービクル式以外の非常電源専用受電設備若しくはキュービクル式以外の蓄電池設備又は建築物等（当該発電設備を屋外に設ける場合に限る。）から1m以上離れているものであること。

④ キュービクル式以外の自家発電設備は、次に定めるところによること。

- 自家発電装置（発電機と原動機とを連結したものをいう）の周囲には0.6m以上の幅の空地を有するものであること。
- 燃料タンクと原動機の間隔は、予熱方式の原動機では2m以上、その他の方式のものでは0.6m以上とすること。ただし、燃料タンクと原動機との間に不燃材料で造った防火上有効な遮へい物を設けた場合は、この限りでない。
- 運転制御装置、保護装置、励磁装置その他これらに類する装置を収納する操作盤（自家発電装置に組み込まれたものを除く。）は、鋼板製の箱に収納するとともに、その箱の前面に1m以上の幅の空地を有すること。

(3) 保有距離について

消防用設備等の試験基準である「消防用設備等の試験基準の全部改正について」（消防予第282号、2002年（平成14年）9月の別添第26非常電源（自家発電設備）に自家発電設備の保有距離が示され、表2.11に

表2.11 自家発電設備の保有距離

（単位：m）

機器名 / 保有距離を確保しなければならない部分		操作面（前面）	点検面	換気面	その他の面	周囲	相互間	相対する面 操作面	相対する面 点検面	相対する面 換気面	相対する面 その他の面	変電設備又は蓄電池設備 キュービクル式のもの	変電設備又は蓄電池設備 キュービクル式以外のもの	建築物等
キュービクル式のもの		1.0	0.6	0.2	0	/	/					0	1.0	1.0
キュービクル式以外のもの	自家発電装置	/	/	/	/	0.6	1.0	1.2	1.0	0.2	0	1.0	/	3.0 注1
	制御装置	1.0	0.6	0.2	0									
	燃料タンク・原動機	/	/	/	/	0.6 注2	/							

注1：3m未満の範囲を不燃材料とし、開口部を防火戸等とした場合は、3m未満にできる。
注2：予熱する方式の原動機にあっては2.0mとすること。ただし、燃料タンクと原動機との間に不燃材料で造った防火上有効な遮へい物を設けた場合は、この限りではない。
備考：欄中の／は、保有距離の規定が適用されないものを示す。

掲げる数値以上の保有距離を有して設置することが規定されている。

(4)「自家発電設備の基準」及び2006年の非常電源関係告示の一部改正及び制定について

「自家発電設備の基準」には、次の事項が定められている。
① 自家発電設備の構造及び性能
② 電力を常時供給する自家発電設備の構造及び性能
③ キュービクル式自家発電設備の構造及び性能

従って、非常電源として自家発電設備（常用防災兼用機を含む）を検討する場合は、本基準を確認する必要がある。

なお、本基準は、2006年に一部改正され、これにより、常用防災兼用機としてのコージェネの設置等に係る基準が緩和された。また、新たに燃料電池設備が非常電源として取り扱うことができるとされ、構造および性能に関する基準が制定された。次にその概要を整理する。詳細については、「自家発電設備の基準」（1973年消防庁告示第1号）（参考資料Ⅱ.2.5.1）及び「消防法施行規則の一部を改正する省令の施行に伴う関係告示（非常電源関係）の改正及び制定について（通知）」（参考資料Ⅱ.2.5.2）を参照願う。

＜「自家発電設備の基準」の改正内容＞
①電圧確立および投入までの所要時間について
　従来：常用電源の停電の後、電圧確立及び投入までの所要時間は40秒以内と規定されていたため、始動から給電までの時間が40秒を超える自家発電設備を設置することができなかった。
　改正：電圧確立及び投入までの所要時間が40秒を超える自家発電設備について、蓄電池設備との併用により電圧確立及び投入までの間、蓄電池設備により電力が供給され、電圧確立後に自動的に切り替わり電力供給を行うことができるものは設置が可能となった。
　（蓄電池設備：鉛蓄電池、アルカリ蓄電池、ナトリウム・硫黄蓄電池、レドックスフロー蓄電池）
　常用防災兼用機については、常用電源が停電した後、自家発電設備に係る負荷以外を切り離して40秒以内に防災負荷に電力を供給する方式とすれば、非常電源として設置できる。
②原動機の燃料供給について
　従来：自家発電設備の燃料は、消防用設備等を必要な時間運転できる分保有するか、あるいは安定（連続）して供給されることとされていた。このため、ガス圧縮機を経由してガスを自家発電設備に供給しているものにあっては、停電始動時にはガス圧縮機を経由してガスが安定供給できないことから、消防用設備等を必要な時間運転できる分を別に保有する必要があった。
　改正：自家発電設備によりガス圧縮機を起動させガスを安定供給させるまでの間だけの燃料を別に確保するか、あるいは、その間消防庁告示第2号の蓄電池設備により電力を供給するものにあっては、消防用設備等を必要な時間運転できる分を別途保有する必要がなくなった。
③常用防災兼用機の設置台数について
　従来：2台以上設置することとされていた。
　改正：新たな非常電源設備の開発、技術の進展等を踏まえ、常用防災兼用機1台での設置が可能とされた。なお、点検等により当該自家発電設備から電力の供給ができなくなる場合でも、火災時の対応に支障の無いよう、次の内容が、「自家発電設備、蓄電池設備及び燃料電池設備に係る技術基準の運用について（通知）」2006（平成18）年消防予第172号）により通知された。
　a）非常電源が使用不能となる時間が短時間の場合
　・巡回の回数を増やす等の防火管理体制の強化が図られていること。
　・防火対象物が休業等の状態にあり、出火危険性が低く、また、避難すべき在館者が限定されている間に自家発電設備等の点検等を行うこと。
　・火災時に直ちに非常電源を立ち上げることができるような体制にするか、消火器の増設等により初期消火が適切に実施できるようにすること。
　b）非常電源の使用不能となる時間が長時間の場合
　・aで掲げた措置に加え、必要に応じて代替電源（可搬式電源等）を設けること。

＜燃料電池設備の基準の制定＞
燃料電池設備が非常電源として認められたことに伴い、構造および性能に関する基準が告示第8号として

新たに制定された。電圧確立及び投入までの所要時間、燃料供給に関する基準は自家発電設備と同様となっている。

II.2.4.5　自家発電設備の出力の算定

消防用設備等の非常電源として用いられる自家発電設備は、常用電源が停電した場合においても、消防用設備等を有効に作動させるために必要な出力を確保していなければならない。

その出力の算定については、「消防用設備等の非常電源として用いる自家発電設備の出力の算定について（通知）」（1988（昭和63）年8月消防予第100号消防庁予防課長）により行われ、次の項目について具体的に定められている。

　第一　　出力計算の基本的な考え方
　第二　　自家発電設備の出力の算定
　第三　　その他

その後、この通知の一部が改正され、2015（平成27）年3月第127号の改正では、トップランナー電動機に対応した見直しが行われた。

また、簡易に計算できるソフトウエアの使用が認められており、現在、次のものが頒布されているので、具体的な検討の際に活用願う。

「自家発電設備の出力算定ソフトウェアNH1Ver.4.0S」（2018年3月現在）

発行：（一社）日本内燃力発電設備協会

II.2.4.6　非常電源としての自家発電設備の届出

非常電源としての自家発電設備は、停電時に消防用設備等の電力を賄う設備であり、また、危険物を貯蔵・取扱うことから、着工や設置について消防機関への届出が必要となる。

その届出について次に示す。なお、届出先はいずれも所轄の消防長（消防署長）である。

(1) 工事整備対象設備等着工届（法第17条の14、施行規則別記様式第1号の7、第33条の18関係）

　届 出 者：甲種消防設備士（消防用設備の工事をしようする者）
　届出時期：消防用設備等の工事に着手しようとする日の10日前まで
　添付書類：当該設備に係る工事の設計に関する図書
　　　　　　① 付近見取図、建築平面図、断面図、立面図等
　　　　　　② 関係設備共通の非常電源関係図書、設計書、仕様書、計算書、系統図及び配線図等
　　　　　　③ 防火対象物の概要表

(2) 消防用設備等設置届（法第17条の3の2、施行規則別記様式第1号の2の3、第31条の3関係）

　届 出 者：設置した消防用設備等の防火対象物の関係者（所有者、管理者又は占有者）
　届出時期：消防用設備等の設置に係る工事が完了した日から4日以内
　添付書類：消防用設備等の種類及び非常電源の種別等に応じた試験結果報告書及びこれに付随するデータ書（「消防用設備等試験結果報告書の様式を定める件」1989年12月消防庁告示第4号）
　届出対象：施行令第35条で規定される不特定多数の人間が利用する防火対象物等の場合

(3) 電気設備設置（変更）届（火災予防条例（例）第44条）

　届 出 者：設置する者
　届出時期：あらかじめ

(4) 危険物に関する届出

・「危険物貯蔵所（取扱所）設置許可申請書」（燃料の貯蔵・取扱量が指定数量以上の場合）
・「少量危険物貯蔵（取扱）届出書」（燃料の貯蔵・取扱量が指定数量の1/5以上指定数量未満の場合）

II.2.4.7　自家発電設備設置工事完了時の試験

設置工事完了時において自家発電設備が技術上の基準に従って設置されているか否かの確認は、「非常電源（自家発電設備）試験基準」によることとされている。この確認結果については、「非常電源（自家発電設備）試験結果報告書」に記入し、II.2.4.6 (2)の設置届に添付することとされている。

II.2.4.8　自家発電設備の検査

消防長または消防署長は、消防設備等設置届出を受け、非常電源として自家発電設備が設置されている場合、当該設備の技術基準への適合性の検査を非常電源（自家発電設備）試験基準」に基づき行う。

検査の結果、技術上の基準に適合していると認められれば、当該消防機関から「消防用設備等・特殊消防用設備等検査済証」が交付され、使用できることになる。

なお、自家発電設備を含め消防用設備等について、各設備の登録認定機関が設備等技術基準の一部に適合していることを認定し、当該技術基準に適合している旨の表示が付されているものについては、消防機関の検査において設備等技術基準の一部に適合するものと見なしても差し支えないこととされている。

II.2.5 参考資料

II.2.5.1 自家発電設備の基準
自家発電設備の基準（1973（昭和48年）年2月消防庁告示第1号）
https://www.fdma.go.jp/concern/law/kokuji/hen52/52030104010.htm

II.2.5.2 自家発電設備の基準の一部及び燃料電池設備の基準交付に関する告示
消防法施行規則の一部を改正する省令の施行に伴う関係告示（非常電源関係）の改正及び制定について（通知）（2006（平成18年）年3月消防予第126号）
https://internal.fdma.go.jp/ihan/contents/notification/a03/b04/c03/0304030002330.htm

II.2.5.3 固体酸化物型燃料電池の火気設備等としての位置付けに関する告示
「対象火気設備等の位置、構造及び管理並びに対象火気器具等の取扱いに関する条例の制定に関する基準を定める省令及び住宅用防災機器の設置及び維持に関する条例の制定に関する基準を定める省令の一部を改正する省令」の公布等について（通知）（2010（平成22年）年3月消防予第143号）
http://www.fdma.go.jp/html/data/tuchi2203/pdf/220330_yo143.pdf

II.3 建築基準法

コージェネの導入に関して建築基準法の規制を受ける主な事項は、設計・施行等の技術的なものを除いて次のとおり整理出来る。
・コージェネに付帯及び関連する設備及び工作物に関する事項
・コージェネの燃料等に用いる危険物の貯蔵及び処理等に関する事項

また、コージェネを常用防災兼用機とした場合には、
・建築基準法により規定される防災設備に電力を供給するための予備電源としての自家用発電装置としての機能を果たさなければならない。

本書では、上記の3つの規定される事項に加え、条件によって認められる「容積率緩和許可」について解説する。

> ＜参考＞ 「自家用発電装置」について
> 建築基準法関係法令で示される語句であるものの、法令において用語の定義は成されていない。なお、これは消防法における「自家発電設備」と同義とされ、「電気需要家が自己の負荷設備で消費する電力の一部又はすべてを賄うことを目的とする発電設備」をいう。（国土交通省住宅局建築指導課）

II.3.1 建築基準法の目的と法体系等

II.3.1.1 建築基準法の目的と法体系

> ＜目的＞
> 第1条　この法律は、建築物の敷地、構造、設備及び用途に関する最低の基準を定めて、国民の生命、健康及び財産の保護を図り、もって公共の福祉の増進に資することを目的とする。

表2.12　建築基準法の体系

法	建築基準法
政　令	建築基準法施行令
省　令	建築基準法施行規則
告　示	国土交通省（旧建設省）告示

本法律は7つの附則によって構成されているが、このうちコージェネと深く関係するのは法「第2章 建築物の敷地、構造及び建築設備」、「第3章 都市計画区域内における建築物の敷地、構造及び建築設備」及びそれらに基づく政令・省令・告示等である。

なお、建築物の敷地、構造及び建築設備に関しては、地方の気候、風土の特殊性等を勘案した場合、本法律の規定ではその目的が達せられないと認めた時には、地方公共団体の条例によって安全上、防災上又は衛生上必要な制限を附加することが出来るとされている（法第40条）。

II.3.1.2 設置等における技術指針・基準
設置、設計・施工及び保全に関する主な図書を次に示すので確認の際、参考願う。
○建築設備設計・施工上の運用指針
○国家機関の建築物及附帯施設の位置・規模・構造の基準
○建築設備耐震設計・施工指針
○公共建築工事標準仕様書
○官庁施設の総合耐震計画基準
○官庁施設の総合耐震診断・改修基準
○建築設備計画基準
○建築設備設計基準
○電気設備工事監理指針
○工事共通仕様書

II.3.2 コージェネ及び附帯設備に関する規定

II.3.2.1 建築物の建築等における確認、完了検査及び中間検査

(1) 確認

建築物の建築に際しては、その計画が建築基準関係規定に適合するものであることについて、確認の申請

書の提出の後、建築主事又は指定確認検査機関の「確認」を受け、確認済証の交付を受けなければならないとされている（法第6条）。

(2) 完了検査

また、その規定による工事を完了した時は、申請の上、建築主事又は指定確認検査機関及び建築主事の委任を受けた当該市町村若しくは都道府県の職員の検査（「完了検査」）を受検することが定められている（法第7条）。

(3) 中間検査

なお、当該工事の工程のうち、建築主事又は指定確認検査機関が規定に適合しているかどうかを施工中に検査を必要とした工程（特定工程）が終了した時、申請の上、検査（「中間検査」）を行うことが定められている（法第7条の3）。

```
＜参考＞　建築主事
　建築主事とは、政令で指定する人口25万以上の市において、市長の指揮監督のもとで確認に関する事務を司るために置かなければならないとされており、又、それ以外の市町村においては置くことが出来ると定められている（法第4条）。

＜参考＞　指定確認検査機関
　建築基準法に基づき、建築確認や検査を行う機関として国土交通大臣や都道府県知事から指定された民間の建築機関（法第4章2第2節 指定確認検査機関等による）。
```

II.3.2.2　確認等の工作物への準用

法第2条（用語の定義）において、「建築設備」について示されており、コージェネ及び附帯設備等も該当するので次に示す。

```
＜建築設備の定義＞
　第2条第3項　建築物に設ける電気、ガス、給水、排水、換気、暖房、冷房、消化、排煙若しくは汚物処理の設備又は煙突、昇降機若しくは避雷針をいう。
```

法においては、建築設備への準用が示されており（法第87条の2）、確認等を要する建築設備は施行令において次のものとされている（施行令第146条、一部省略）。

a．エレベーター及びエスカレーター
b．特定行政庁が指定する建築設備

また、確認等の工作物への準用も示されており（法第88条）、対象となる工作物として次のものを掲げている（施行令138条、一部省略）。

a．高さが6mを超える煙突（支枠及び支線がある場合においては、これらを含み、ストーブの煙突を除く。）
b．高さ15mを超える鉄筋コンクリート造の柱、鉄柱、木柱その他これらに類するもの
c．高さが8mを超える高架水槽

また、施行令では更に煙突の構造に応じた規定がなされており、主な内容を次に示す（施行令第139条抜粋）。

a．高さが16mを超える煙突は、鉄筋コンクリート造、鉄骨鉄筋コンクリート造又は鋼造とし、支線を要しない構造とする。
b．煙突の構造が、その崩落及び倒壊を防止出来るものとして国土交通大臣が定めた構造方法を用いること。
c．国土交通大臣が定める基準に従った構造計算に従った安全なものであること。

II.3.2.3　煙突の確認等

先に示したように高さ6m以上の自立煙突は、確認及び完了検査を行わなくてはならない。また、中間検査が行われることも通例である。

なお、建物と一緒に煙突を含めた確認の申請をする場合は、煙突単独での申請は不要である。

以下、法第6条に基づく確認等を整理した。

(1) 確認の申請

申請の時期	工事の着手前
申　請　先	建築主事又は指定確認検査機関
添付書類	煙突及び基礎の構造計算書、図面、ボーリングデータ、煙突高さの計算書、案内図、法務局発行の敷地図面、工事監理者等決定（変更）届等指定のもの

(2) 中間検査

申請の時期	特定工程に係る工事を終えた日から4日以内
申　請　先	建築主事又は指定確認検査機関
添付書類	指定のもの

(3) 完了検査

申請の時期	工事が完了した日から4日以内
申　請　先	建築主事等又は指定確認検査機関
添付書類	確認済証のコピー、基礎及び煙突の写真等指定のもの

II.3.2.4　確認申請の基本的な流れ

II.3.2.5　中間検査の流れ

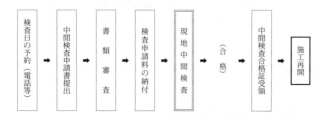

II.3.2.6　完了検査申請から検査済証交付までの流れ

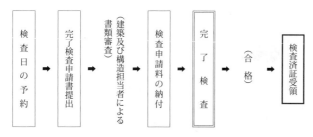

II.3.3　危険物の貯蔵及び処理に関する規定

建築基準法において、危険物に関する規制を大きく分けると次の3つであり、相互に関連している。
- 建築物の耐火に関すること（法第27条、別表第1）耐火又は準耐火建築物としなければならない特殊建築物
- 用途地域内の建築物の制限（法第27条、第48条、別表第2）用途ごとに分類された地域内における建築物の建築制限
- 危険物の数量の限度（法第27条第2項第2号、施行令第116条）

なお、危険物の貯蔵等についての規制は、II.2 消防法でも定められており、ともに満足するよう留意しなければならない。

II.3.3.1　危険物の数量規制と建築物の仕様

建築基準法における危険物の数量の限度は、表2.13に示す数量と示され、「消防法の危険物の規制に関する政令別表第3に定められた指定数量の10倍」とされている。ここでは、別表第3から第4類危険物（非水溶性）の中から石油類を抽出した（施令第116条）。

なお、表2.13に示す数量の限度を超える場合には、建築物の構造を耐火建築物又は準耐火建築物としなければならない（法27条）。

II.3.3.2　用途地域ごとの危険物の数量の限度

用途地域内の建築物の制限（法第27条、第48条及び法別表第2）の規定に従い、政令で定める危険物の貯蔵又は処理に係る建物がある用途地域によって危険物の数量の限度が定められている（施行令第130条の9）（表2.14）。

また、本施行令においては、次の規制除外事項も示されている。

① 定めのない用途地域では数量を問わない（例：工業地域、工業専用地域）。
② 地下貯槽により貯蔵されている第1～第4石油類は除く。

表2.13　危険物の数量

危険物の種類		危険物の数量の限度*3		
		常時貯蔵する場合	製造又は他の事業を営む工場において処理する場合	
可燃性ガス*1		700m³	20,000m³	A *4
圧縮ガス*1		7,000m³	200,000m³	
液化ガス		70 t	2,000 t	
第4類危険物	第1石油類（ガソリン等）*2	2,000ℓ	2,000ℓ	B *4
	第2石油類（軽油、灯油等）*2	10,000ℓ	10,000ℓ	
	第3石油類（重油等）*2	20,000ℓ	20,000ℓ	
	第4石油類（ギアー油等）*2	60,000ℓ	60,000ℓ	

*1：0℃、1気圧換算の値とする。
*2：地下貯蔵の場合においては、数量の限度はない（施令第130条の9）。
*3：2種類以上を同一建築物に貯蔵する場合、それぞれの危険物の数量限度の割合の和が1以下であること。
*4：表2.14参照。

表2.14 用途地域ごと危険物

危険物の種類	用途地域 *1		
	準住居地域	商業地域	準工業地域
圧縮ガス 液化ガス 可燃性ガス	A／20	A／10	A／2
第1石油類 第2石油類 第3石油類 第4石油類	B／2 （特定屋内貯蔵所*2 は、3B／2）	B （特定屋内貯蔵所*2 は、3B）	5B

*1：表中のA、Bは表2.13にある各々の危険物の数量の限度を示す。なお、Aのみで示されていた施行令本文とは異なり、本書では理解しやすいように便宜上の「B」を設定した。
*2：屋内貯蔵所のうち国土交通大臣が定める基準に適合するもの

II.3.4　防災設備の予備電源としてのコージェネ

　常用電源が停電した際、電力を必要とする防災設備に電力を供給するものが予備電源である。すなわち、これは防災用の電源であって、消防法における非常電源と同じ目的で設置されるものである。

　従って、コージェネを常用防災兼用機として導入する場合、消防法、建築基準法それぞれに規定される防災設備に確実に電力が供給されることが必要である。

II.3.4.1　予備電源を要する防災設備

　建築基準法において予備電源からの電力供給が規定されている防災設備と関係法令を表2.15に示す（防災設備全般についてはII.2.4.1参照）。

　なお、建築基準法でいう予備電源は、「建築設備定期検査業務基準書－換気設備、排煙設備、非常用の照明装置、給水設備及び排水設備－」（国土交通省住宅局建築指導課監修）において、「自家用発電装置・蓄電池設備」と示され、また消防法では「非常電源」、電気事業法では「非常用予備発電装置」と表わされている。

表2.15 防災設備ごと建築基準関係法令一覧

防災設備	施工令	国土交通省告示他
防火区画	第112条第14 （平成27年6月1日）	告示第2563号 告示第1382号
排煙設備	第123条 （平成12年6月7日）	告示第1728号 告示第1007号
排煙設備	第126条の3 （平成20年9月19日）	告示第1829号 告示第1382号
排煙設備	第129条13の3 （平成28年6月1日）	告示第1833号 告示第1008号 住資発第510号
非常用の照明装置	第126条の5 （平成12年6月7日）	告示第1830号 告示第1405号
非常用の進入口 （赤色灯）	第126条の7 （平成12年6月7日）	告示第1831号
地下街の非常照明、 排煙設備、排水設備	第128条の3 （平成12年6月7日）	告示第1730号 告示第2465号
非常用のエレベーター	第129条の13の3 （平成20年9月19日）	告示第1428号

表 2.16　防災設備

防災設備等		予備電源の構造方法: 自家用発電装置	蓄電池設備	自家用発電装置と蓄電池設備	その他（UPS等）	容量（分以上）
非常用の照明設備		—	○	○	○	30
非常用の進入口		—	○	—	○	30
排煙設備	一般	○	○	—	○	30
	特殊な構造	○	○	—	○	30
	特別避難階段の付室	○	○	—	○	30
	非常用エレベーターの乗降ロビー	○	○	—	○	30
地下街	非常用の照明設備	○	○	—	○	30
	非常用の排水設備	○	○	—	○	30
	非常用の排煙設備	○	○	—	○	30
防火区画等に用いる防火設備		○	○	—	○	30
非常用エレベーター		○	—	—	—	60
エレベーターの安全装置の照明装置（停電灯）		—	○	○	—	30

日本建築設備・昇降機センター「建築設備設計・施工上の運用指針2013年版」を参考に作成

II.3.4.2　防災設備に適応する予備電源

先に示した告示に従って、防災設備ごとに適応する予備電源と規定された作動が必要な容量を表2.16に示す。（○印は適応、—印は不適合を示す）。

II.3.4.3　建築設備の定期検査と報告

建築確認を要する建築物やその他建築設備（国、都道府県及び建築主事を置く市町村の建築物に設けるものを除く）で特定行政庁が指定するものの所有者は、その建築設備等の種類、用途、構造等に応じておおむね6月から1年までの間隔をおいて、定期的に1級若しくは2級建築士又は建築設備等検査員に検査をさせて特定行政庁に報告をしなければならないとされている（法第12条第3項、施行規則第6条）。

II.3.5　容積率緩和許可

```
＜容積率＞
第52条（抜粋）
　建築物の延べ面積の敷地面積に対する割合（容積率）は、
　次の各号（省略）に挙げる区分に従い、当該各号に定め
　る数値以下でなければならない。（以下省略）
14　次に該当する建築物で、特定行政庁が交通上、安全上、
　　防火上及び衛生上支障がないと認めて許可したものの
　　延べ面積の敷地面積に対する割合は、その許可の範囲
　　内において、限度を超えるものとすることができる。
一　同一敷地内の建築物の機械室その他これに類する部分
　　の床面積の合計の建築物の延べ面積に対する割合が著
　　しく大きい場合におけるその敷地内の建築物
二　（省略）
```

建築基準法では、用途地域ごとに容積率を定めて建築物の構造に対して規制を行っているが、緩和措置についても規定されており、省資源、省エネルギーを図る設備を設置する建築物に関しては、それを推進することを目的に一定の条件を満足することによって、その容積率の緩和措置が認められ、コージェネもその対象となる。

その基準については、容積率の緩和に関する建築基準法第52条14項第1号の規定に関連して、昭和60年の「中水道設備等を設置する建築物に係る建築基準法第52条第4項（現行第14項）第1号の規定の運用について（昭和60年12月21日 建設省住街発第114号住宅局長通知）」をはじめとした技術的助言にて規定されてきたが、平成23年の「建築基準法第52条第14項第1号の規定の運用等について（平成23年3月25日 国土交通省住街発第188号住宅局市街地建築課長通知）」により、「建築基準法第52条第14項第1号の許可準則として整理されている。

また、省エネ性能の向上に資する建築物の新築・増築等に対する容積率特例制度について、後述II.4で述べる2015年7月に制定された「建築物のエネルギー消費性能の向上に関する法律（建築物省エネルギー法）」にも規定された。

建築物省エネ法第30条では、省エネ性能の向上に資する建築物の新築又は増築、改築、修繕、模様替え

若しくは建築物への空気調和設備等の設置・改修（以下「新築等」という。）について、当該計画が一定の誘導基準に適合していると判断できる場合、当該計画の認定を行うことができることとなっている。認定を取得した場合、省エネ性能向上計画認定に係る基準に適合させるための措置をとることにより、通常の建築物の床面積を超えることとなる場合における施行令第１３条で定める床面積（省エネ性能向上のための設備について、通常の建築物の床面積を超える部分（建築物の延べ面積の10％を上限））は延べ面積に算入しないことができる。ここで、省エネ性能向上のための設備とは、①太陽熱集熱設備、太陽光発電設備その他再生可能エネルギー源を利用する設備であってエネルギー消費性能の向上に資するもの、②燃料電池設備、③コージェネレーション設備、④地域熱供給設備、⑤蓄熱設備、⑥蓄電池（床に据え付けるものであって、再生可能エネルギー発電設備と連系するものに限る。）、及び⑦全熱交換器とされている。なお、本認定の取得は任意となり、認定の取得を希望する建築主等は建設地の所管行政庁に申請を行うこととなる。（図2.7）

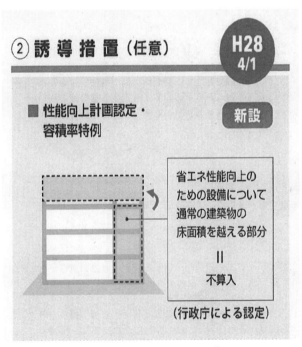

図2.7　容積率緩和のイメージ

〈2011年（平成23年）3月通達〉

国住街第188号
平成23年3月25日

各都道府県建築行政主務部長 殿

国土交通省住宅局市街地建築課長

建築基準法第52条第14項第1号の規定の運用等について
(技術的助言)

　建築基準法（昭和25年法律第201号。以下「法」という。）第52条第14項第1号の規定により、建築物の機械室その他これに類する部分の床面積の合計の建築物の延べ面積に対する割合が著しく大きい建築物については、特定行政庁の許可により容積率制限の特例を認めることができることとされており、「中水道施設等を設置する建築物に係る建築基準法第52条第4項第一号の規定の運用について」（昭和60年12月21日付建設省住街発114号住宅局長通知）及び「建築基準法第52条第11項第一号の規定の運用について」（平成11年4月16日付建設省住街発45号住宅局市街地建築課長通知）並びに「建築基準法第52条第13項第1号の規定の運用について」（平成16年2月27日付国住街第381号住宅局市街地建築課長通知）、「容積率特例制度の活用等について」（平成20年12月25日付国都計105号、国住街第177号都市・地域整備局都市計画課長、住宅局市街地建築課長通知）においてこの取扱いを定め、地方自治法（昭和22年法律第67号）第245条の4第1項の規定に基づく技術的助言（以下「技術的助言」という。）として通知しているところである。
　今般、規制改革の充実・強化や経済対策の推進の観点から、再生可能エネルギーの利用拡大に向けて、新エネ・省エネ設備の一層の整備推進を図る必要があることから、環境負荷の低減に資する設備に係る本特例の運用に関して、下記のとおり通知するとともに、「建築基準法第52条第14項第1号の許可準則」として整理した上で、別添のとおり通知する。また、太陽光発電設備等の設置により法53条第1項から第3項の規定に該当しない場合であっても、個々の敷地単位で壁面の位置を制限することで周辺市街地環境の向上が図られる場合等で、安全上、防火上、衛生上支障がないと認められる場合には、法53条第4項の規定に基づく特例許可の活用が可能であることに留意する等、再生可能エネルギーの利用拡大に向けた取り組みを支援されたい。この旨、貴職におかれては、管内の特定行政庁に対してもこの旨周知いただくようお願いする。なお、本通知は、地方自治法（昭和22年法律第67号）第245条の4第1項の規定に基づく技術的助言であることを申し添える。

記

1．環境負荷の低減等の観点からその設置を促進する必要性の高い設備法第52条第14項第1号に係る同項の許可に当たり、建築物の機械室その他これに類する部分の床面積の合計の建築物の延べ面積に対する割合が著しく大きい場合には、建築物に一般的に設けられるものではないが、その設置を促進する必要性の高い機械室等を建築物に設置する場合を含むものである。この場合、環境負荷の低減等の観点からその設置を促進する必要性の高い設備として、以下（1）から（7）に例示する設備について、幅広く本許可の判断の対象とし、積極的に対応することが望ましい。
(1) 住宅等に設置するヒートポンプ・蓄熱システム
(2) 住宅等に設置する潜熱回収型給湯器
(3) コージェネレーション設備
(4) 燃料電池設備
(5) 太陽熱集熱設備、太陽光発電設備（屋上又は屋外に設ける駐車場、駐輪場、建築設備等の上空に設置する太陽光パネル等とそれを支える構造物で囲まれた部分を含む。）
(6) 蓄熱槽
(7) 蓄電池
　なお、これら以外であっても、今後の技術革新等による新たな新エネ・省エネ設備等、環境負荷の低減等の観点からその設置を促進する必要性の高い設備については、幅広く特例の対象として取り扱うことが望ましい。
2．容積率制限の特例の適用方法
(1) 法第52条第14項第1号の適用にあたっては、法の趣旨に基づく適切な運用を行うことと併せ、許可手続きの円滑化、迅速化が図られるよう努めることが望ましい。具体的には、許可に係る事務の執行に当たっては、特例の対象となる設備があらかじめ想定されていること等を踏まえ、容積率制限緩和の許可基準について、あらかじめ建築審査会の包括的な了承を得ることにより、許可に係る事前明示性を高め、併せて、許可手続きの円滑化、迅速化に努めることが望ましい。
(2) 容積率制限の緩和は、特定行政庁が交通上、安全上、防火上及び衛生上支障がないと認めて許可した建築物において、当該許可の範囲内で行うものであり、原則として、当該設備の用に供する建築物の部分のうち、建築物の他の部分から独立していることが明確である部分の床面積相当分について行うこと。

つづく

つづき

(別添)

建築基準法第 52 条第 14 項第 1 号の許可準則

第 1 適用範囲
1. 本許可準則は、次の(1)から(19)に掲げる施設及び設備、その他これらに類する施設等を設置する建築物に関する建築基準法(以下「法」という。)第 52 条第 14 項第 1 号の規定に係る同項の許可について適用する。
 (1) 中水道施設
 (2) 地域冷暖房施設
 (3) 防災用備蓄倉庫
 (4) 消防用水利施設
 (5) 電気事業の用に供する開閉所及び変電所
 (6) ガス事業の用に供するバルブステーション、ガバナーステーション及び特定ガス発生設備
 (7) 水道事業又は公共下水道の用に供するポンプ施設
 (8) 第 1 種電気通信事業の用に供する電気通信交換施設
 (9) 都市高速鉄道の用に供する停車場、開閉所及び変電所
 (10) 発電室
 (11) 大型受水槽室
 (12) 汚水貯留施設
 (13) 住宅等に設置するヒートポンプ・蓄熱システム
 (14) 住宅等に設置する潜熱回収型給湯器
 (15) コージェネレーション設備
 (16) 燃料電池設備
 (17) 太陽熱集熱設備、太陽光発電設備(屋上又は屋外に設ける駐車場、駐輪場、建築設備等の上空に設置する太陽光パネル等とそれを支える構造物で囲まれた部分を含む。)
 (18) 蓄熱槽
 (19) 蓄電池
2. 前項の規定に関わらず、法第 52 条第 14 項第 1 号に係る同項の規定による容積率制限の特例の対象となる通路等は、建築物の部分のうち、以下の(1)及び(2)の要件に該当すると特定行政庁が認めるものであること。
(1) 駅その他これに類するもの(以下「駅等」という。)から道路等の公共空地に至る動線上無理のない経路上にある通路、階段、傾斜路、昇降機その他これらに類するもの(以下「通路等」という。)であること。ただし、非常時以外において自動車が出入りする通路等を除くこと。
(2) 当該通路等自体が周辺の公共施設に対する負荷を増大させず、むしろ軽減させるものであって、駅等の周辺の道路交通の状況等から、当該通路等を当該建築物の敷地内に設けることが、当該敷地の周辺の道路における歩行者等の通行の円滑化に資すると認められるものであること。具体的には、駅等の構内に設けられるもので、もっぱら当該駅等の利用者以外の者の通行に供するものや、駅等に近接した建築物に設けられるもので、もっぱら当該駅等の利用者の通行に供するもの等が、これに該当するものと考えられること。

第 2 容積率の緩和
1. 第 1 第 1 項の規定にかかる容積率制限の特例の適用方法については、当該施設等の用に供する建築物の部分のうち、次の各号の要件を満たす部分の床面積相当分について行うものとする。
(1) 当該施設の本来の用に供する部分(当該施設の管理用事務室等人が常駐
する部分及びこれに付属する部分を除く。)であること。
(2) 当該設備の用に供する建築物の部分のうち、建築物の他の部分から独立
していることが明確である部分の床面積相当分について行うこと。
2. 第 1 第 2 項の規定にかかる容積率制限の特例の対象となる通路等の部分の床面積は、延べ面積に算入される部分のうち、原則として以下の(1)から(4)までの要件に該当する部分の床面積相当分とすること。
(1) 鉄道等の運行時間中、駅等の利用者が常時自由に通行することができるものであること。
(2) 壁等により建築物の他の部分から独立した区画をなす部分であること。
(3) 通路等又はその部分の環境の向上に寄与する植込み、噴水等に供する部
分を含むことが可能であること。
(4) 駅等に附属する執務室、切符売場及び店舗等に供する部分を含まないものであること。
 3. 前 2 項による容積率制限の緩和は、特定行政庁が交通上、安全上、防火上及び衛生上支障がないと認めて許可した建築物において、当該許可の範囲内で行うものであり、原則として、当該施設等の設置に供される床面積相当分について行うものとし、その限度は、基準容積率(法第 52 条第 1 項から第 5 項の規定による容積率をいう。)の 1.25 倍とする。

つづく

つづき

> 第3 その他
> 1. 本許可準則は法第52条第14項第1号に係る同項の許可に関する一般的な考え方を示すものであるので、第1第1項に掲げる施設等以外であっても、省資源、省エネルギー、防災等の観点から必要なものであって、公共施設に対する負荷の増大のないものについては、積極的に対応するものとすること。特に、今後の技術革新等による新たな新エネ・省エネ設備等、環境負荷の低減等の観点からその設置を促進する必要性の高い設備については、幅広く特例の対象として取り扱うこと。一方、建築計画の内容、敷地の位置、敷地の周囲の土地利用の状況、都市施設の整備の状況等からこれによることが必ずしも適切でないと考えられる場合は、総合的な判断に基づいて弾力的に運用すること。
> 2. 本許可準則による法第52条第14項第1号の許可が、特定の用途に供される建築物の部分の床面積に着目して行われることにかんがみ、当該部分が他の用途に転用されることのないよう、長期的観点から当該施設等の必要性に関し十分検討すること。また、本規定を適用した建築物については、台帳の整備等により建築後も引き続きその状態の把握に努めるとともに、当該建築物の所有者、管理者等にもこの旨周知を図ること。
> 3. 本許可準則により建築される建築物は、ペンシルビル等周辺の市街地環境を害するおそれのあるものにならないよう指導すること。
> 4. 本許可準則により建築物に設けられる施設等については、周囲の環境に対し悪影響を及ぼすことのないよう、設置位置等に関し十分指導すること。
> 5. 本許可準則に係る事務の執行に当たっては、その円滑化、迅速化が図られるよう努めることが望ましい。特に第1 (13)～(19) の設備に係る許可に係る事務の執行に当たっては、特例の対象となる設備があらかじめ想定されていること等を踏まえ、容積率制限緩和の許可基準について、あらかじめ建築審査会の包括的な了承を得ることにより、許可に係る事前明示性を高め、併せて、許可手続きの円滑化、迅速化に努めることが望ましい。
> 6. 総合設計制度の許可を受ける建築物に本許可準則に定める施設等を設置する場合においては、法第59条の2の規定による容積率の緩和の許可と併せて、法第52条第14項第1号の規定による容積率の緩和の許可を行うことができるものであること。この場合において、当該建築物の容積率の緩和の限度は、総合設計許可準則（平成23年3月25日付国住街第186号住宅局市街地建築課長通知）第2第1項（2）から（4）までに定められた容積率の緩和の限度に、本許可準則第2に定められた容積率の緩和の限度を加えたものとする。

II.4 建築物省エネ法

2015年7月に「建築物のエネルギー消費性能の向上に関する法律（建築物省エネ法）」が制定され、経過措置を経て2017年4月より本格施行された。同法は従来の「エネルギーの使用の合理化に関する法律（省エネ法）」に対し、産業・運輸部門のエネルギー消費が1990年比で減少する中、民生部門（業務・家庭）が30％以上増加していることを受けて、建築部門のみ独立された法として制定された。

II.4.1 建築物省エネ法の目的と法体系等

我が国のエネルギー需給は、特に東日本大震災以降一層逼迫しており、国民生活や経済活動への支障が懸念されている。部門ごとのエネルギー消費量に着目すると、他部門（産業・運輸）が減少する中、建築物部門のエネルギー消費量は著しく増加し、現在では全体の1／3を占めている（図2.8）。このような社会背景から、建築物部門の省エネ対策の抜本的強化を目的として建築物省エネ法が制定された。同法は、建築物の省エネ性能の向上を図るため、大規模非住宅建築物の省エネ基準適合義務等の規制措置と、誘導基準に適合した建築物の容積率特例等の誘導措置を一体的に講じたものである。従来の省エネ法における省エネルギー措置の届出や、住宅トップランナー制度等の措置は建築物省エネ法に移行し、同法では新たに「大規模非住宅建築物の適合義務」、「特殊な構造・設備を用いた建築物の大臣認定制度」、「性能向上計画認定・容積率特例」や「基準適合認定・表示制度」等を措置している（図2.9）。各種制度の対象建築行為及び適用基準は図2.10

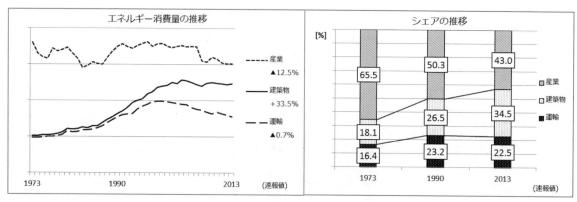

国土交通省建築物省エネ法の概要（詳細説明会）資料より

図2.8 エネルギー消費量・シェアの推移

II　コージェネレーション関連法規の解説

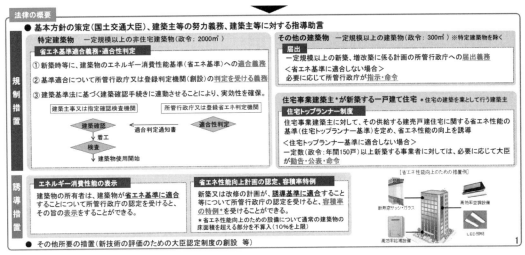

国土交通省建築物省エネ法の概要（詳細説明会）資料より
図2.9　建築物省エネ法の概要

	対象建築行為	申請者	申請先	適用基準
適合義務・適合性判定	特定建築物（2,000㎡以上非住宅）の新築　特定建築物の増改築（300㎡以上）　*法施行前からの既存建築物については大規模な増改築のみ対象とする	建築主	所管行政庁又は登録省エネ判定機関が判定	エネルギー消費性能基準（基準適合する旨の適合判定通知書がなければ建築確認おりない）
届出	300㎡以上の新築・増改築	建築主	所管行政庁に届出	エネルギー消費性能基準（基準に適合せず、必要と認めるときは、所管行政庁が指示できる）
行政庁認定表示（基準適合認定）	現に存する建築物　*用途・規模限定なし	所有者	所管行政庁が認定※	エネルギー消費性能基準（基準適合で認定）
容積率特例（誘導基準認定）	新築、増改築、修繕・模様替え、設備の設置・改修　*用途・規模限定なし	建築主等	所管行政庁が認定※	誘導基準（誘導基準適合で認定）
住宅事業建築主	目標年度以降の各年度において、供給する建売戸建住宅（全住戸の平均で目標達成）	（年間150戸以上建売戸建住宅を供給する住宅事業建築主）	申請不要（国土交通大臣が報告徴収）	住宅事業建築主基準（基準に照らして、必要と認めるときは、国土交通大臣が勧告できる）

国土交通省建築物省エネ法の概要（詳細説明会）資料より
図2.10　建築物省エネ法対象建築行為及び適用基準

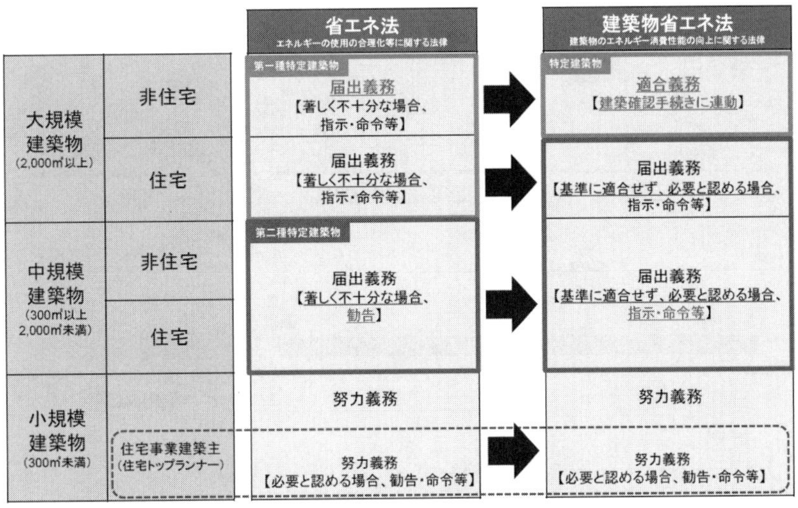

		省エネ法　エネルギーの使用の合理化等に関する法律	建築物省エネ法　建築物のエネルギー消費性能の向上に関する法律
大規模建築物（2,000㎡以上）	非住宅	第一種特定建築物　届出義務【著しく不十分な場合、指示・命令等】	特定建築物　適合義務【建築確認手続きに連動】
	住宅	届出義務【著しく不十分な場合、指示・命令等】	届出義務【基準に適合せず、必要と認める場合、指示・命令等】
中規模建築物（300㎡以上2,000㎡未満）	非住宅	第二種特定建築物　届出義務【著しく不十分な場合、勧告】	届出義務【基準に適合せず、必要と認める場合、指示・命令等】
	住宅		
小規模建築物（300㎡未満）		努力義務	努力義務
	住宅事業建築主（住宅トップランナー）	努力義務【必要と認める場合、勧告・命令等】	努力義務【必要と認める場合、勧告・命令等】

国土交通省建築物省エネ法の概要（詳細説明会）資料より
図2.11　省エネ法との比較

に示すとおりであり、エネルギー消費性能基準等により評価が行われている。従来の省エネ法と比較して大きく異なるのは、特定建築物に対して適合義務が課せられ、建築確認手続きと連動するようになった点である（図2.11）。

II.4.2 遵守すべき基準とコージェネの位置づけ

建築主は、特定建築行為をしようとするときは、当該特定建築物を省エネ基準に適合させなければならないことが、建築物省エネ法において定められている（適合義務）。また、本規定は建築基準関係規定とみなされ、建築基準法に基づく建築確認及び完了検査の対象となり、基準に適合しなければ、建築物の工事着工や建築物の使用開始ができないこととなっている。新築建築物における適合義務において求められるエネルギー消費性能基準は、BEIが1.0以下と定められている（図2.12）。

BEI算出はエネルギー消費性能計算プログラムにより行う。BEIは空調、換気、照明、給湯、昇降機、効率化設備の6項目より算出されており、コージェネは太陽光発電等の含まれる効率化設備として位置づけられている。コージェネ設備導入による省エネ性能は創エネルギー量として評価され、設計一次エネルギ

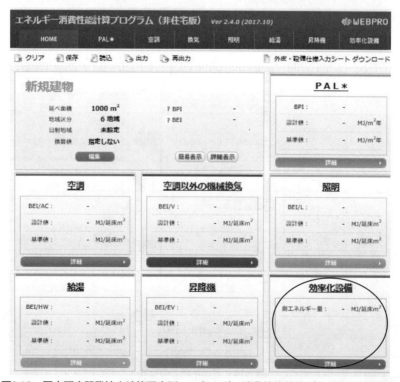

図2.12　建築物省エネ法に基づくエネルギー消費性能基準

図2.13　国立研究開発法人建築研究所　エネルギー消費性能計算プログラム計算画面

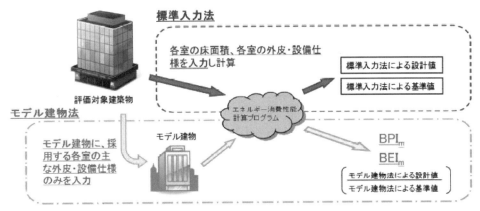

図2.14 エネルギー消費性能プログラム概要
国土交通省建築物省エネ法の概要（詳細説明会）資料より

一消費量から差し引かれる仕組みとなっている。（図2.13）。

エネルギー消費性能計算プログラムには、図2.14に示す標準入力法及びモデル建物法の2通りの入力方法があり、現状のモデル建物法ではコージェネによる省エネルギー効果は評価できない仕様となっている。そのため、コージェネの省エネルギー効果を加味して建築物のエネルギー消費性能を評価する場合は、標準入力法を用いる必要がある。

II.4.3 建築物省エネ法におけるコージェネの入力方法

太陽光発電等のエネルギー利用効率化設備として位置づけられているコージェネは、導入による創エネ効果が評価される。コージェネの省エネルギー効果を評価するためには、コージェネレーションシステム入力シートを記入する必要がある。年間電力需要については各設備の設計一次エネルギー消費量計算の過程で出力される年間電力需要を入力する。発電効率、排熱回収率、発電依存率、有効熱利用率、有効排熱量の冷熱利用比、温水吸収冷凍機または排熱投入型冷温水機の成績係数についてはコージェネの仕様が記載されている図面や別途実施した詳細計算（シミュレーションによるエネルギー計算）の結果を基に入力する。

II.4.4 建築物省エネ法に基づく省エネ性能の表示制度

建築物省エネ法第7条において、住宅事業建築主その他の建築物の販売又は賃貸を行う事業者は、その販売又は賃貸を行う建築物について、エネルギー消費性能の表示をするよう努めなければならないことが定められた。これに伴い国土交通省では、建築物のエネルギー消費性能の見える化を通じて、性能の優れた建築物が市場で適切に評価され、選ばれるような環境整備等を図れるよう「建築物のエネルギー消費性能の表示に関する指針」（ガイドライン）を告示として制定し

図2.15 建築物省エネルギー消費性能表示制度
国土交通省建築物省エネ法の概要（詳細説明会）資料より

た。このガイドラインに基づく第三者認証にBELS（建築物省エネルギー消費性能表示制度）等がある。また、同法36条において、建築物エネルギー消費性能基準に適合している旨の認定（基準適合認定）を受けた場合には、その旨の表示を付することができる制度が設けられた。基準適合認定の表示マークがeマークである。表示制度の評価には適合性判定等の申請書類が活用できる仕組みとなっている。BELSについては、一般社団法人住宅性能評価・表示協会ホームページの掲載ページから、企業・設計事務所・施工者等が確認できる（図2.15）。

II.5　熱供給事業法

コージェネは、廃熱の有効利用を図るために廃熱回収機器を有している。廃熱回収ボイラーは熱源設備である。熱供給事業は一般的に地域冷暖房として知られているが、電気事業法の改正に伴い、電力も一緒に供給を行い地域エネルギー供給として実施する例も増えている。

コージェネを導入して地域熱供給を実施する場合、熱供給事業に該当するかどうかがポイントとなる。

II.5.1　熱供給事業の定義

熱供給事業法
（定義）
第二条　この法律において「熱供給」とは、加熱され、若しくは冷却された水又は蒸気を導管により供給することをいう。
2．この法律において「熱供給事業」とは、一般の需要に応じ熱供給を行う事業（使用するボイラーその他の政令で定める設備の能力が政令で定める基準以上のものに限り、もっぱら一の建物内の需要に応じ熱供給を行うものを除く）をいう。
3．この法律において「熱供給事業」とは次条の許可を受けたものをいう。
4．この法律において「熱供給施設」とは、熱供給事業の用に供されるボイラー、冷凍設備、循環ポンプ、整圧器、導管その他の設備であって、熱供給事業を営む者の管理に属するものをいう。

熱供給事業法施行規則
第二条　法第二条第二項の政令で定める基準は、前条各号に掲げる設備について経済産業省令で定める算出方法により算出した加熱能力の合計が一時間当たり二十一ギガジュールであることとする。

熱供給事業に該当するかどうかは以下の条件を満たす場合となる。
(1) 加熱された、若しくは冷却された水又は蒸気を導管により供給する
(2) 一般の需要に応ずる
(3) 二以上の建物に供給する
(4) 熱供給施設の加熱能力が21GJ/h以上

該当する場合は、熱供給事業の許可が必要となる。
熱供給事業法では、一般の需要と定義されているため、例えば以下のような場合は、熱供給事業法の規制対象から外れるものと思われる。
(1) 自家使用の数工場が共用の施設より蒸気の供給を受けるような場合
(2) 他に対して供給する場合であっても、無償あるいは実費徴収というような形で供し営利を目的としないもの
(3) 民法上の組合、その他の組合がもっぱら当該組合員に熱供給を行う場合
(4) 親会社が子会社に対して、あるいは共同出資者がその出資者に対して供給する場合のように供給者と相手側との間に密接な資本関係がある場合
(5) その他、自己の社宅に対する供給のように供給者と相手方との間に密接な関係がある場合

II.5.2　熱供給事業法の設備

熱供給事業法施行令
第一条　熱供給事業法第二条第二項の政令で定める設備は、次のとおりとする。
一　ボイラー
二　ヒートポンプ（冷却用及び加熱用に使用される冷凍設備をいう）
三　熱交換器（他の者から供給される温水、蒸気等を使用するものに限る。）

コージェネの廃熱ボイラー及び熱交換器は、熱供給事業法の設備に該当する。

II.6　大気汚染防止法

コージェネは大気中にばい煙を排出する設備であることから、一定規模以上のものは大気汚染防止法により規制される。大気汚染防止法は、ばい煙、粉じんの排出等を環境省令で定めて工場及び事業者への規制（排出基準又は特別排出基準）のみならず、都道府県知事に対しても総量規制基準を定めるよう規定した上で、大気汚染の状況の監視及び罰則を定めるものである。規定されている事項は、次のとおりである。
(1) 大気汚染の原因物質であるばい煙を排出するばい煙発生施設の設定
(2) ばい煙発生施設の種類ごとのいおう酸化物、窒素酸化物及びばいじんの排出量の基準の設定
(3) 設置者に対するばい煙発生施設の届出義務、測定記録の保管並びに排出基準の遵守義務
(4) 排出量が基準に適合しない場合のばい煙発生施設の改善命令等に関する規定

なお、本法での適用除外に関することも定められて

おり、コージェネにおいては当該除外条項について電気事業法の相当規定に委ねられている。

II.6.1　大気汚染防止法の目的

大気汚染防止法（以下、大防法）に定められているその目的の要約を次に示す。

```
<目的>　（要約）
第 1 条　この法律は、工場及び事業場における事業活動に
　　伴うばい煙の排出等を規制し、有害大気汚染物質対策の
　　実施を推進し、大気の汚染に関し、国民の健康を保護す
　　るとともに生活環境を保全し、並びに大気の汚染に関し
　　て人の健康に係る被害が生じた場合における事業者の損
　　害賠償の責任について定めることにより、被害者の保護
　　を図ることを目的とする。
```

II.6.2　ばい煙とばい煙発生施設の定義

II.6.2.1　ばい煙の定義

ばい煙は次のとおり定義され、コージェネが規制される物質はいおう酸化物（SOx）、窒素酸化物（NOx）及びばいじんである。

```
<定義>
大防法第 2 条（抜粋）
　一　燃料その他の物の燃焼に伴い発生するいおう酸化物
　二　燃料その他の物の燃焼又は熱源として電気の使用
　　　に伴い発生するばいじん
　三　人の健康又は生活環境に係る被害を生じるおそれ
　　　がある物質で政令で定めるもの
大気汚染防止法施行令（以下、大防令）
第 1 条　大防法第 2 条第 1 項第 3 号の政令で定める
　　　　有害物質
　五　窒素酸化物
```

II 6.2.2　ばい煙発生施設の定義

コージェネに係るばい煙発生施設は表2.17のとおり定義されている（大防法第 2 条第 2 項、大防令第 2 条、大防令別表第 1 ）。

表2.17　ばい煙発生施設に該当するコージェネの定義

施設（数字は大防令別表第 1 の番号）	規　模
29　ガスタービン 30　ディーゼル機関 2　ガス発生炉（燃料電池*1）	燃料の燃焼能力が重油換算*2 35 ℓ/h以上であること。
31　ガス機関	燃料の燃焼能力が重油換算*3 35 ℓ/h以上であること。

*1：燃料電池の改質器がガス発生炉に該当（大防令第 2 条、大気汚染防止法施行規則第15条）
*2：重油10ℓあたりが、液体燃料10ℓに、ガス燃料16m3 に相当（46環大規 5 号）
*3：ガス燃料の発熱量は総発熱量を用いるものとし、重油の発熱量が9,600kcal/ℓ（＝約40.19MJ/ℓ）として換算（ 2 環大規384号）

上記の定義に従って相当するコージェネの発電出力規模の参考値を表2.18に示す。

表2.18　ばい煙発生施設に該当するコージェネの規模

施　設	発電出力規模
ガスタービン　重油焚	約140kW以上
ガスタービン　都市ガス焚	約230kW以上
ディーゼル機関	約190kW以上
ガス機関	約100kW以上
燃料電池（燃料：都市ガス13A）	約100kW以上

II.6.3　ばい煙及びばいじんの排出基準

II.6.3.1　ばい煙の排出基準

ばい煙発生施設に該当するコージェネであって、新設の場合の排出基準を次に示す。

(1) いおう酸化物（SOx）の排出基準

SOxの排出基準は、次の式により算出したSOxの量による。

この基準による規制は一般に「K値規制」と言われている。K値は地域ごとに定められ、大都市周辺地域や工場・事業場が集合している地域には、別途、特別排出基準値が定められている（大防法第 3 条第 2 項及び第 3 項、大気汚染防止施行規則（以下、大防則）第 3 条 排出基準、同第 7 条第 1 項（特別排出基準）。特別排出基準対象地域の詳細は、大防則別表第 4 を参照のこと。K値の例を表2.19に示す。

$$q = K \cdot 10^{-3} \cdot He^2$$

　　　q：　SOxの許容排出量（m³N/h）
　　　K：　K値（大防則別表第 1 の下欄に掲げる値）
　　　He：　補正された排出口の高さ（m）（大防則第 3 条第 2 項参照）

表2.19　K値の例

	排出基準	特別排出基準
対象地域	全国 （大防令別表第 3 で定める地域ごとに規制）	東京、横浜、名古屋、大阪等及び周辺都市、及び四日市、神戸、千葉、水島、北九州等（大防則第 7 条）
K 値	3.0～17.5の範囲で16段階（大防則別表第 1 ）	1.17、1.75、2.34 の 3 段階（大防則第 7 条）

```
<参考>　特別排出基準
　環境大臣は、施設集合地域において、政令で定める限度を超える大気汚染
が生じ、又は生じるおそれがあるときは、全部又は一部の区域に限り、その
区域に新たに設置されるばい煙発生施設について特別の排出基準を定めるこ
とができる（大防法第 3 条第 3 項抜粋）。
```

(2) 窒素酸化物（NOx）の排出基準

NOxの排出基準は、施設の種類ごとに定められている（大防則第 5 条、同別表第 3 の 2 、大防則附則昭1987（昭和62）年11月 6 日総令第53号）（表2.20）。

II 6.3.2　ばいじんの排出基準

ばいじんの排出基準は、NOxと同様に施設の種類ごとに定められている（大防法第 3 条第 3 項、大防則第 7 条第 2 項、同別表第 2 ）。また、SOxと同様、環境

表2.20 コージェネ施設ごとのNOx排出基準

施設名		排出基準値	O₂濃度(%)	O₂=0%換算排出基準値*1
ガスタービン		70ppm	16%	294ppm
ディーゼル機関	シリンダー内径 400mm未満	950ppm	13%	2,494ppm
	シリンダー内径 400mm以上	1,200ppm		3,150ppm
ガス機関		600ppm	0%	600ppm
燃料電池用改質器		150ppm	7%	225ppm

*1：O₂：0％換算排出基準＝排出基準値×{21／(21－O₂濃度(%))}

大臣によって特別排出基準を定めることが出来るとされている(大防則第7条第2項、同別表第2)。なお、特別排出基準の対象地域は大防則別表第5(表2.21)を参照のこと。

表2.21 ばいじんの排出基準

施設名		排出基準(mg/m³N)	O₂濃度(%)
ガスタービン	一般排出基準	50	16
	特別排出基準	40	
ディーゼル機関	一般排出基準	100	13
	特別排出基準	80	
ガス機関	一般排出基準	50	0
	特別排出基準	40	
燃料電池用改質器	一般排出基準	50	7
	特別排出基準	30	

II 6.4　条例による排出基準と総量規制基準

II 6.4.1　条例による上乗せ排出基準

都道府県は、その区域において、大防法で定める排出基準(一般排出基準及び特別排出基準)では健康の保護及び生活環境の保全が十分でないと認められる区域がある時は、条例によって更に厳しい排出基準(上乗せ排出基準)を定めることが出来るとされている(大防法第4条)。

また、近年においては、2004年に埼玉県、そして2006年には愛知県において燃料の燃焼能力が重油換算で50ℓ/h未満のディーゼル機関であっても、複数台設置して合計で50ℓ/hを超える場合には通常の排出基準が適用される等、規制の強化が図られている。

従って、コージェネを計画する際には、その設置する場所の自治体の条例を確認することが必要である。

表2.22に主な地方自治体におけるNOx排出基準を示す。

II.6.4.2　総量規制基準

大都市地域や工場または事業場が集合している地域であって、都道府県による上乗せ基準があっても大気環境基準の確保が困難である場合、SOxその他のばい煙(指定ばい煙)ごとに政令で定める地域(指定地域)にあっては、都道府県知事が定める規模以上の工場または事業場(特定工場等)から発生する当該指定ばい煙総量削減計画を作成し、総量規制基準を定めなければならないと規定されている(大防法第5条の2抜粋)。

(1) SOxの総量規制基準

SOxを排出するばい煙発生施設を有する工場等の燃料使用量(重油換算)の合計値が、指定地域ごとに定められている値(0.1～1.0kℓ/h)以上の場合に規制の対象となる(大防則第7条の2)。特定工場等は、先のばい煙総量削減計画に基づく総量規制基準に沿うようSOx排出量を制限しなければならない(大防令第7条の4)。総量規制基準の算出式は、大防則第7条の3を基に、指定地域ごとに定められている。

> ＜参考＞　SOx総量規制指定地域(大防令別表第3の2)
> 次の15都府県(24地域)の都市部地域が指定されている。
> 埼玉、千葉、東京、神奈川、静岡、愛知、三重、京都、大阪、兵庫、和歌山、岡山、広島、山口、福岡

(2) NOxの総量規制基準

NOxについてもSOxと同様の総量規制基準があるが、使用される原料及び燃料をばい煙発生施設の種類に応じたNOxの排出特性等を勘案して重油の量に換算する点、及びその量が1～10kℓ/hである点が異なるところである(大防則第7条の2)。

新設のばい煙発生施設に対するNOxの総量規制基準は、次のいずれかにより定めるものとし、既設がある場合の基準も別途定められている(大防則第7条の4要約)。

① NOxを発生する全てのばい煙発生施設の燃料の量が増加しても、ばい煙発生施設から発生するNOxの増加分が減少するように算定されるNOxの排出基準値(原燃料使用量方式)

$$Q = a \cdot W^b$$

- Q ： NOxの許容排出量(m^3N/h)
- W ： 特定工場のNOxに係る全てのばい煙発生施設の原燃料の重油換算量(kℓ/h)
- a ： 知事が定める定数
- b ： 0.8以上1.0未満の範囲内で知事が特定工場の規模や燃料使用実態を勘案して定める定数

② NOxを発生する全てのばい煙発生施設の排出ガス量に、ばい煙発生施設ごとに定める施設係数を乗じて得た合計量に工場の規模等を考慮してNOxの増加量が減少するように算定されるNOxの総量(基礎排出量算定方式)

$$Q = k\{\Sigma(C \cdot V)\}^l$$

- Q ： NOxの許容排出量(m^3N/h)

Ⅱ　コージェネレーション関連法規の解説

表2.22 主な地方自治体の条例によるNOx排出基準(新設の場合)[注1]

		大気汚染防止法	東京都環境確保条例 [注3]			神奈川県生活環境の保全等に関する条例		横浜市生活環境の保全等に関する条例		川崎市環境の負荷の低減に関する指針
規制対象重油換算 (ℓ/h以上)	ガスタービン	50	50			50		50		50
	ディーゼルエンジン	50	5			50		50 (NOxは原動機出力7.5kW以上)		50
	ガスエンジン	35	5			35		35 (NOxは原動機出力7.5kW以上)		35
	ガス発生炉(燃料電池改質)	50	全ての施設			全ての施設		50		50
規模/対象地域		規模 / 全国	規模	第1種地域	第2種地域	規模	横須賀市 / 横浜市・川崎市・横須賀市以外	規模	横浜市	川崎市
ガスタービン	NOx (ppm)	70 (O_2=16) / 294	ガス専焼 / 50,000kW以上	10 (O_2=16) / 42	10 (O_2=16) / 42	150,000kW以上	10 (O_2=16) / 42	10 (O_2=16) / 42	2,000kW以上	10 (O_2=16) / 29.4	日規制・年規制 [注4]
				50,000kW未満 2,000kW以上	25 (O_2=16) / 105	35 (O_2=16) / 147	150,000kW未満 100,000kW以上	15 (O_2=16) / 63	15 (O_2=16) / 63			
				2,000kW未満	35 (O_2=16) / 147	50 (O_2=16) / 210	100,000kW未満 2,000kW以上	20 (O_2=16) / 84	20 (O_2=16) / 84			
			液体専焼	50,000kW以上	10 (O_2=16) / 42	10 (O_2=16) / 42			35 (O_2=16) / 147 *ガスを専焼させるもの以外 50 (O_2=16) / 210	2,000kW未満	23 (O_2=16) / 96.6	
				50,000kW未満 2,000kW以上	25 (O_2=16) / 105	50 (O_2=16) / 210	2,000kW未満	35 (O_2=16) / 147				
				2,000kW未満	35 (O_2=16) / 147	60 (O_2=16) / 252						
	ばいじん [注2] (g/m³N)	一般地域 0.05 (O_2=16) / 0.21	—	※	※	—	0.03 (O_2=16) / 0.126	※	—	0.03 (O_2=16) / 0.126	※
		特別地域 0.04 (O_2=16) / 0.168									
ディーゼルエンジン	NOx (ppm)	シリンダ 400mm以上 1200 (O_2=13) / 3150	2,000kW以上 重油換算 25ℓ/h以上	110 (O_2=13) / 288.75	270 (O_2=13) / 708.75	重油換算 200ℓ/h以上	110 (O_2=13) / 288.75	110 (O_2=13) / 288.75	2,000kW以上	0.11 (O_2=13) / 28.875	日規制・年規制 [注4]
			2,000kW未満 重油換算 25ℓ/h以上		500 (O_2=13) / 1312.5				2,000kW未満 重油換算 50ℓ/h以上	53 (O_2=13) / 139.125	
		シリンダ 400mm未満 950 (O_2=13) / 2494				重油換算 200ℓ/h未満	190 (O_2=13) / 498.75		重油換算 50ℓ/h未満 25ℓ/h以上	110 (O_2=13) / 288.75	
			重油換算 25ℓ/h未満	380 (O_2=13) / 997.5					7.5kW以上 重油換算 25ℓ/h未満	380 (O_2=13) / 997.5	
	ばいじん [注2] (g/m³N)	一般地域 0.10 (O_2=13) / 0.2625	—	※	※	—	※	※	—	※	※
		特別地域 0.08 (O_2=13) / 0.21									
ガスエンジン	NOx (ppm)	600	重油換算 50ℓ/h以上	200		重油換算 200ℓ/h以上	200		2,000kW以上	31	日規制・年規制 [注4]
					500			200	2,000kW未満 重油換算 35ℓ/h以上	150	
			重油換算 50ℓ/h未満	300		重油換算 200ℓ/h未満		300	7.5kW以上 重油換算 35ℓ/h未満	300	
	ばいじん [注2] (g/m³N)	一般地域 0.05	—	※	※	—	※	※	—	※	※
		特別地域 0.04									
ガス発生炉(燃料電池改質器)	NOx (ppm)	150 (O_2=7) / 225	—	150 (O_2=7) / 225		—	150 (O_2=7) / 225		※		日規制・年規制 [注4]
	ばいじん [注2] (g/m³N)	一般地域 0.05 (O_2=7) / 0.075	—	0.05 (O_2=7) / 0.075	0.05 (O_2=7) / 0.075	—	0.05 (O_2=7) / 0.075	0.05 (O_2=7) / 0.075	—	※	※
		特別地域 0.03 (O_2=7) / 0.045	—	0.03 (O_2=7) / 0.045	0.03 (O_2=7) / 0.045	—	0.03 (O_2=7) / 0.045	0.03 (O_2=7) / 0.045			
備考			注3) 参照							注4) 参照	

注1) 酸素濃度0%以外の規制値はアンダーライン付きとし、(　　)内にO_2濃度を記載。太字はO_2=0%換算値
　　※は大気汚染防止法に準拠し、上乗せ規制なし。
　　—は大気汚染防止法に準拠し、規模に関する条件なし。
注2) ばいじんに係る「特別地域」(特別排出基準適用地域)は全国で9地域。東京都特別区、横浜市、川崎市、横須賀市(神奈川県)、名古屋市等(愛知県)、四日市等(三重県)、大阪市、堺市等(大阪府)、尼崎市(兵庫県)、倉敷市(岡山県)、北九州市、大牟田市(福岡県)。
注3) 「第1種地域」とは特別区の存する区域並びに武蔵野市、三鷹市、調布市、狛江市、及び西東京市(旧保谷市に限る。)の区域をいい、「第2種区域」とは、対象地域のうち、第1種地域以外の区域をいう。
注4) 燃料の使用量から算出した熱量により、排出されるNOxの許容限度あり。
注5) 「特別地域」とは、野田市(旧関宿町区域を除く)、流山市、柏市、松戸市、鎌ケ谷市、市川市、浦安市、習志野市、市原市、袖ケ浦市、木更津市、君津市及び富津市の13市区域とし、
　　「その他の地域」とは、千葉県の区域のうち特別地域以外の区域(但し、千葉市及び船橋市の区域を除く。)とする。
注6) 標準酸素濃度への換算は行わない。
注7) 総量規制からの換算方法によるNOxの規制あり。例)は他のばい煙発生施設がない場合を示す。
注8) 設置場所及び導入施設に応じて保健所からの指導あり。

Ⅱ　コージェネレーション関連法規の解説

千葉県、千葉市大気汚染防止法のてびき 注5)				埼玉県指導方針		茨城県指導要綱	大阪府推奨ガイドライン	大阪市指導要綱		愛知県指導要綱		名古屋市環境保全条例		新潟県暫定処置要綱	
50				50		50	30	10		50		50		50	
50				50		50	30	10		50		20		50	
35				35		35	35	10		35		10		35	
50				50		50	50	50		40		40		50	
規模	発電事業者	特別地域と千葉市・船橋市	その他	規模	埼玉県	茨城県	大阪市以外	規模	大阪市	規模	名古屋市以外	規模	名古屋市	規模	新潟県
150,000kW以上	10 (O₂=16) 42	20 (O₂=16) 84	30 (O₂=16) 126	排出ガス量 4.0万m³N/h以上	10 (O₂=16) 42	※	150	150,000kW以上	協議	ガス専焼	35 (O₂=16) 147	1000kW以上	注7) 例)130 (910m³N/h、2600kW、都市ガス)	100,000kW以上	15 (O₂=16) 63
150,000kW未満 50,000kW以上	15 (O₂=16) 63							150,000kW未満 20,000kW以上	30						
				排出ガス量 4.0万m³N/h未満	20 (O₂=16) 84			20,000kW未満 6,000kW以上	50	液体専焼	50 (O₂=16) 210	1000kW未満	注7) 例)185 (175m³N/h、500kW、都市ガス)	100,000kW未満 30,000kW以上	35 (O₂=16) 147
50,000kW未満	20 (O₂=16) 84							6,000kW未満 2,000kW以上	80						
								2,000kW未満	100						
ー	※			ー	※	※	※	ー	※	ー	※	ー	※	ー	※
ー	※	100 (O₂=13) 262.5	150 (O₂=13) 393.75	ー	100 (O₂=13) 262.5	100 (O₂=13) 262.5	500		300	重油換算 200ℓ/h以上	200 (O₂=13) 525	500kW以上	注7) 例)393 (219.2ℓ/h、800kW、A重油)	3,000kW以上	150 (O₂=13) 393.75
										重油換算 200ℓ/h未満	400 (O₂=13) 1050	500kW未満	注7) 例)500 (68.5ℓ/h、250kW、A重油)		
ー	※			ー	※	※	※	ー	※	ー	※	ー	※	ー	※
ー	※	200	300	ー	200	200	200	重油換算 650ℓ/h以上	50	ー	200	120kW以上	注7) 例)220 (36.2m³N/h、140kW、都市ガス)	ー	※
								重油換算 650ℓ/h未満 150ℓ/h以上	100						
								重油換算 150ℓ/h未満	150			120kW未満	注7) 例)339 (15.5m³N/h、60kW、都市ガス)		
ー	※			ー	※	※	※	ー	※	ー	※	ー	※	ー	※
ー	※			120 (O₂=7) 180		※	※	ー	※	ー	※	ー	注8)	ー	※
ー	※			ー		※	※	ー	※	重油換算 50ℓ/h以上	0.4 注6)	ー	0.03 (O₂=7) 0.045	ー	※
										重油換算 50ℓ/h未満 40ℓ/h以上	0.6 注6)				
	注5) 参照									注6) 参照		注7) 注8) 参照			

C ： ばい煙発生施設の種類ごとに知事が定める施設係数
V ： NOxに係るばい煙発生施設ごとの排出ガス量（万m³N/h）
k ： 知事が定める定数
l ： 0.8以上1.0未満の範囲内で知事が特定工場の規模やNOx排出特性を勘案して定める定数

NOx総量規制指定地域は、東京都特別区等地域、神奈川県横浜市等地域、大阪府大阪市等地域の3都府県の都市部地域が指定されている（大防令別表第3の3）。各地域ごとのNOxの総量規制の概要を参考資料Ⅱ.6.7に示す。

Ⅱ.6.5 ばい煙の測定

ばい煙排出者は、ばい煙発生施設に係るばい煙量又はばい煙濃度を測定し、その結果を記録し、これを保存（期間3年）するように定められている（大防法第16条、大防則第15条）。

なお、常時測定においては、非定常運転時等のばい煙濃度上昇は測定の範囲から除外できる（環水大大発第101018003号）。

```
＜参考＞ コージェネに係るSOx、NOxの総量規制関係告示
・窒素酸化物に係る特定工場等の規模に関する基準に係る原料及び燃料の量の重油への換算方法（1981年9月公布 環境庁告示第82号、1990年12月改定）
・大気汚染防止法施行規則第7条の4第4項の規定に基づく同条第2項第2号の式において用いられるC並びに同条第3項第2号の式において用いられるC及びCiの値を定める方法を定める件（1981年9月公布 環境庁告示第83号、平成2年12月改定）
・ガスタービン、ディーゼル機関に係る規制の導入に伴う、総量規制基準、燃料使用規制の経過措置について（1987年11月公布 環大規236号）
・大気汚染防止法施行令の一部を改正する政令の施行等について（1990年12月公布 環大規384号）
```

```
＜参考＞ 連続測定における測定結果の取り扱いの明確化について（平成22年10月18日 環水大大発第101018003号）
ばい煙発生施設からの排出ガスの連続測定結果の取り扱いや、連続測定においてやむを得ず生ずる高濃度の排出データの取り扱い方法等について具体的な検討を行い、その結果をとりまとめた。
```

Ⅱ.6.5.1 SOxに係るばい煙量の測定
（大防則第15条第1項第1号）

ばい煙発生施設	測定頻度
ばい煙量10m³N/h以上の施設	2ヶ月に1回以上
同上で特定工場等に設置されている施設	常時

Ⅱ.6.5.2 NOxに係るばい煙濃度の測定
（大防則第15条第1項第4号）

ばい煙発生施設	測定頻度
燃料電池用改質器	5年に1回以上
排出ガス量4万m³N/h未満の施設	年2回以上
排出ガス量4万m³N/h以上であって特定工場等に設置されている施設	常時
上記以外のもの	2ヶ月に1回以上

Ⅱ.6.5.3 ばいじんに係るばい煙濃度の測定
（大防則第15条第1項第2号）

ばい煙発生施設	測定頻度
燃料電池用改質器、ガスタービン、ガス機関	5年に1回以上
排出ガス量4万m³N/h未満の施設	年2回以上
上記以外のもの	2ヶ月に1回以上

Ⅱ.6.6 電気工作物への適用除外

電気工作物からばい煙等を排出する者に対しては、大気汚染防止法にある次の規定を適用しないで、電気事業法等の相当規定の定めによるものとされている（大防法第27条）。

(1) ばい煙発生施設の設置の届出（大防法第6条、同第18条、同第18条の6）
(2) 経過措置（大防法第7条、同第18条の2、同第18条の7）
(3) ばい煙発生施設の構造等の変更の届出（大防法第8条）
(4) 計画変更命令等（大防法第9条、同第9条の2、同第18条の8）
(5) 実施の制限（大防法第10条、同第18条の9）
(6) 氏名の変更等の届出、承継（大防法第11条、同第12条）

なお、これら届出等があった時は、該当する事項について、国の行政機関の長から都道府県知事に通知される（大防法第27条第3項）。

また、大気汚染防止法では、ばい煙発生設備に該当するもののうち、専ら非常時において用いられる非常用施設は、ばい煙の排出基準の適用が除外され、設置後のばい煙量等の測定も必要ないとされている（ガスタービン、ディーゼル機関：1987（昭和62）年総理府令第53号、1987（昭和62）年環大規第237号 ガス機関：1990（平成2）年総理府令第58号、1990（平成2）年環大規第385号）。

II.6.7 参考資料

東京都、神奈川県、大阪府のNOx総量規制の概要

地域名		東京都	神奈川県		大阪府
対象地域		特別区及び隣接5市(武蔵野市、三鷹市、調布市、狛江市、西東京市(旧保谷市の範囲))	横浜市、川崎市及び横須賀市の区域	横浜市、川崎市及び横須賀市以外の区域	大阪市、堺市、豊中市、吹田市、泉大津市、守口市、八尾市、寝屋川市等17市町
施行基準日		1991年2月1日	1991年2月1日		1991年2月1日
特定工場対象規模(重油換算)		1kℓ/h以上	4kℓ/h以上		2kℓ/h以上
総量規制基準式	方式	基礎排出量算定方式	原燃料使用量方式		基礎排出量算定方式
	基準式	$Q=0.51\{\Sigma(C \cdot V)+\Sigma(Ci \cdot Vi)\}^{0.95}$	$Q=1.37W^{0.95}+0.96\{(W+Wi)^{0.95}-W^{0.95}\}$	$Q=1.50W^{0.95}+1.05\{(W+Wi)^{0.95}-W^{0.95}\}$	$Q=0.6\{\Sigma(C \cdot V)+\Sigma(Ci \cdot Vi)\}^{0.95}$
燃料換算係数*	基準となる重油総発熱量	9,100kcal/ℓ (=38.093MJ/ℓ)	39,558.1725kJ/ℓ		43,950kJ/kg、比重:0.9 (=39.555MJ/ℓ)
	ばい煙施設による係数 GT	2.6	2.0		3.0
	DE	22.7	20.0		20.0
	GE	3.0	3.0		3.0
施設係数	GT Ci	5.0	—	—	5.0
	C	7.0	—	—	7.0
	DE Ci	40.0	—	—	40.0
	C	49.0	—	—	49.0
	GE Ci	5.0	—	—	5.0
	C	7.0	—	—	7.0

(注) Q :特定工場のNOx許容排出量(m³N/h)
　　 C :規制対象施設の種類ごとに知事が定める施設係数(既設分)
　　 Ci :規制対象施設の種類ごとに知事が定める施設係数(新増設分)
　　 V :規制対象施設の種類ごとの定格における排出ガス量(O₂=0%換算、万m³N/h)(既設分)
　　 Vi :規制対象施設の種類ごとの定格における排出ガス量(O₂=0%換算、万m³N/h)(新増設分)
　　 W :ばい煙発生施設の定格燃料使用量(重油換算、kℓ/h)(既設分)
　　 Wi :ばい煙発生施設の定格燃料使用量(重油換算、kℓ/h)(新増設分)
　　 ＊ :燃料使用量の重油への換算は燃焼の種類による換算とばい煙発生施設による換算(ばい煙発生施設の係数を乗ずる)

(例) 東京都で180kWのディーゼル機関(DE)を新設する場合の総量規制
　(計算条件) 重油の総発熱量:38.093MJ/ℓ
　　　　　　 発電効率:33%(HHV基準)
　　　　　　 排出ガス量:450m³N/h

　(計算) 180kWDEの重油燃焼消費量=180×3.6/0.33/38.093=51.5ℓ/h
　　　　 燃料換算係数を加味した重油換算燃料使用量=51.5×22.7=1,169>1,000ℓ/h=1kℓ/h
　　　　 東京都の特定規模条件は1kℓ/hであるので、180kW程度のDEを設置した場合、1台で特定工場の要件を満たす。

　＜NOxの総量規制基準＞
　180kWDEの排出ガス量≒450m³N/h
　従って、C=0、V=0、Ci=40、Vi=0.045 より、$Q=0.51×(40×0.045)^{0.95}=0.891$m³N/h
　許容排出量に対するNOx排出濃度=0.891/450×10⁶=1,980ppm(O₂=0%換算)=754ppm(O₂=13%換算)

II.7 騒音規制法、振動規制法

騒音及び振動規制法は、工場又は事業場に設置される著しい騒音及び振動を発生する施設を「特定施設」と定義し（各法第2条）、住居が集合している地域や病院、学校など騒音及び振動を防止する必要がある地域であって、住民の生活環境を保全するために都道府県知事が定めた地域（「指定地域」）における特定施設に対する規制を行う法律である。

大気汚染防止法とほぼ同じ条項（特定施設の設置届出等）が適用除外となっており、電気事業法の相当規定に委ねられている（騒音規制法（以下、騒規法）第21条、振動規制法（以下、振規法）第18条）。II.1.4.1項「工事計画届出を要する設備・規模及び環境関連法との関係」を参照のこと。

II.7.1 規制される特定施設

コージェネに関連する設備において、特定施設に該当するものを次に示す（騒規法施行令第1条、振規法施行令第1条）。

法	コージェネに関連する特定施設
騒音規制法の対象設備	原動機の定格が7.5kW以上の空気圧縮機及び送風機
振動規制法の対象設備	原動機の定格出力が7.5kW以上の圧縮機

II.7.2 規制の基準

騒音及び振動規制法では、特定施設が設置される工場及び事業場（「特定工場等」）の敷地線における許容限度を定めている。

II.7.2.1 騒音の規制に関する基準

表2.23に騒音の規制に関する基準を示す。なお区域の種別は以下による。

第一種区域	良好な住居の環境を保全するため、特に静穏の保持を必要とする区域
第二種区域	住居の用に供されているため、静穏の保持を必要とする区域
第三種区域	住居の用に併せて商業、工業等の用に供されている区域であって、その区域内の住民の生活環境を保全するため、騒音の発生を防止する必要がある区域
第四種区域	主として工業等の用に供されている区域であって、その区域内の住民の生活環境を悪化させないため、著しい振動の発生を防止する必要がある区域

表2.23 騒音の規制に関する基準

（告示第1号）

	昼間（デシベル） 7時又は8時〜18時、19時又は20時まで	朝・夕（デシベル） 朝：5時又は6時から7時又は8時まで 夕：18時、19時又は20時から21時、22時又は23時まで	夜間（デシベル） 21時、22時又は23時から翌5時又は6時まで
第一種区域 （住宅集合地域）	45以上 50以下	40以上 45以下	40以上 45以下
第二種区域 （住宅地域）	50以上 60以下	45以上 50以下	40以上 50以下
第三種区域 （商業・工業・住宅地域）	60以上 65以下	55以上 65以下	50以上 55以下
第四種区域 （工業地域）	65以上 70以下	60以上 70以下	55以上 65以下

（注）第二種区域、第三種区域又は第四種区域の区域内に所在する学校、保育所、病院、患者の入院施設を有する診療所、図書館、特別養護老人ホームの敷地の周囲おおむね50mの区域内における基準値は、当該各欄に定める最低値から5デシベルを減じた値以上とすることが出来る。

（備考）騒音の単位「デシベル」は計量法別表第二に定める音圧レベルを示し、測定における周波数補正回路はA特性を、動特性は「FAST」を用いることとする。

表2.24 振動の規制に関する基準

（告示第90号）

	昼間（デシベル） 5時、6時、7時又は8時から19時、20時、21時又は22時まで	夜間（デシベル） 19時、20時、21時又は22時から翌5時、6時、7時又は8時まで
第一種区域 （住宅地域）	60以上 65以下	55以上 60以下
第二種区域 （商業・工業・住宅地域）	65以上 70以下	60以上 65以下

（注）学校、保育所、病院、患者の入院施設を有する診療所、図書館、特別養護老人ホームの敷地の周囲おおむね50mの区域内における基準値は、当該各欄に定める最低値から5デシベルを減じた値以上とすることが出来る。

（備考）振動の単位「デシベル」は計量法別表第二に定める振動加速度レベルを示し、振動の測定は鉛直方向について行い、振動感覚補正回路は鉛直振動特性を用いることとする。

II.7.2.2 振動の規制に関する基準

表2.24に振動に関する基準を示す。なお区域は以下による。

第一種区域	良好な住居の環境を保全するため、特に静穏の保持を必要とする区域及び住居の用に供されているため、静穏の保持を必要とする区域
第二種区域	住居の用に併せて商業、工業等の用に供されている区域であって、その区域内の住民の生活環境を保全するため、振動の発生を防止する必要がある区域及び主として工業等の用に供されている区域であって、その区域内の住民の生活環境を悪化させないため、著しい振動の発生を防止する必要がある区域

II.7.2.3 地方自治体の条例

騒音及び振動規制法においては、地方公共団体が地域の自然的、社会的条件に応じて、法の見地から条例で必要な規制を定めることが出来るとされている（騒規法第27条、振規法第24条）。東京都をはじめ多くの地方自治体で上乗せされた規制値を定めた条例を有しているので、導入検討においてはその確認が必要である。

II.8 水質汚濁防止法

この法律の目的を要約すると次のとおりとなる（法第1条抜粋）。
(1) 工場及び事業場から排出される水の排水及び地下に浸透する水への規制
(2) 公共用水域及び地下水の水質の汚濁防止
(3) 汚水及び廃液による人的な被害が生じたときの、事業者への損害賠償責任を規定することによる被害者の保護

法の概要としては、規制される汚水や廃液を定義し、有害物質の排出基準及び上乗せ基準、総量削減計画及び総量規制基準を定め、該当設備を届出と監視によって基準の遵守を図り、不適当な場合には改善命令、そして事故が起こったときにとるべき措置と損害賠償等に関しての規定がなされている。

自家発電設備を含む電気工作物を設置する工場又は事業場の設置者に関する事項としては、貯油設備等を設置するものが対象となる。

本法で定義される油は、原油、重油、潤滑油、軽油、灯油、揮発油、動植物油であり（施行令第3条の4）、事故時の措置について規定されている（法第14条の2）。その内容は次のとおり。

(1) 貯油設備等の破損その他の事故が発生し、油を含む水が公共用水域に排出あるいは地下に浸透したことにより生活環境に係る被害を生ずる恐れがあるときは、直ちに防止のための応急の措置を講じ、速やかに事故の状況及び講じた措置の概要を都道府県知事に届出なければならない。
(2) 応急の措置を講じていないと認めるとき、都道府県知事はその措置を命令することが出来る。

なお、本条項のみであるが、他の環境関連法と同じく電気事業法の相当規定に委ねられている（法第23条）。

II.9 労働安全衛生法

労働安全衛生法（以下、法）は、安全衛生管理体制を整備し、また、危険防止のための基準を明確にする等の措置を講ずるために定められたものであり、法においては「職場における労働者の健康を確保するとともに快適な作業環境の形成を促進することを目的とする」と示されている（法第1条）。

規定されている事項を次に示す。
(1) 安全衛生管理体制に関する措置
(2) 手続き等に関する措置
(3) 現場作業における安全管理措置
(4) 機械・設備に関する安全措置
(5) 労働衛生に関する措置

また、法体系は次のとおりである。

法　律	労働安全衛生法
政　令	労働安全衛生法施行令
省　令	労働安全衛生規則 ボイラー及び圧力容器安全規則 特定化学物質障害予防規制
告　示	規格、規程、基準等
指　針	技術上の指針、自主検査の指針、教育の指針

安全衛生に係ることは大変重要であるが、本書ではボイラー及び圧力容器安全規則中心に労働安全衛生規則、特定化学物質障害予防規則に関することを解説する。

II.9.1 ボイラー及び圧力容器安全規則に関連するコージェネの装置等

コージェネを構成する装置で、労働安全衛生規則（以下、規則）に関連する主な設備は次のものが掲げられる。

	主な該当する装置等
ボイラー	排ガスボイラー、バックアップ用ボイラー
第一種圧力容器	スチームアキュムレーター、フラッシュタンク、脱気器、膨張タンク等
第二種圧力容器	始動用エアータンク、昇圧用ガス圧縮機の緩衝タンク、スチームヘッダー等
小型ボイラー及び小型圧力容器	排ガスボイラー、連ブロー熱交等

II.9.2 ボイラー

II.9.2.1 ボイラーの区分と取扱い

コージェネとして設置される排ガスボイラーのみならず、コージェネの定期修理期間等であって蒸気熱源が必要とされる場合、バックアップ用のボイラーが設置されるが、基本的にいずれのボイラーも本法の適用を受けることになる。

労働安全衛生法で定義されるボイラーは、「ボイラー」と「小型ボイラー」の2つに大きく区分され、それらボイラーの種別、伝熱面積及び最高使用圧力ごとに製造者及び使用者に対して種々の規定が示されている。

＜ボイラーへの規制の例＞
(1) 構造検査（規則第5条）、溶接検査（規則第7条）
(2) 設置届（規則第10条）、使用検査（規則第12条）、落成検査（規則第14条）
(3) ボイラーの設置場所（規則第18条）
(4) ボイラー取扱作業主任者の選任（規則第24条）
(5) ばい煙の防止（規則第27条）
(6) 付属品の管理（規則第28条）
(7) 定期自主検査（規則第32条）
(8) 性能検査（規則第37条～第40条）

II.9.2.2 労働安全衛生法と電気事業法の関係（蒸気タービンに蒸気を供給するボイラー等の取扱い）

コージェネでは、電気の他に蒸気または温水を生産するが、発生した蒸気を蒸気タービンに供給して発電に用いる場合(コンバインドサイクル)、通常、関連するボイラーや圧力容器は電気工作物として、電気事業法の適用を受けることになる。

電気事業法の適用を受ける場合、電気事業法に基づいた管理・監督が行われるため、二重行政の弊を避けるため、ボイラー及び圧力容器安全規則に一部、適用除外規定がある(届出、検査等)。

但し、電気事業法の適用を受けてもボイラー及び圧力容器安全規則を適用される条文もあるので、注意が必要である (就業制限、資格者、設置場所、操業等)。

【根拠法令】ボイラー及び圧力容器安全規則　第125条 (適用除外)

なお、蒸気を発電用途とそれ以外の用途に併用するケースにおいて、電気事業法を適用するか否かは通達で定められている。

【通達】自家用汽力発電所において発電用と工場用とに併用するボイラーの取扱について(1965（昭和40）年7月　40公局第566号)により、以下のように決められている。

http://www.meti.go.jp/policy/safety_security/industrial_safety/law/files/jikayoukiryokuhatsudensho.pdf

(1) 発電用以外の用途に供するポンプ、送風機等の駆動用蒸気タービンの排気を利用し、排気タービンまたは往復機関により発電する場合、その駆動用蒸気タービンに蒸気を供給するボイラーは、電気工作物として取り扱わないものとする。
(2) 2個以上のボイラーから発生する蒸気を発電用の蒸気タービンまたは往復機関および発電用以外の用途に併用する場合、発電所の出力発生に必要な範囲のボイラー（予備のボイラーを含む）は電気工作物として取り扱うものとする。

ただし、発電所の出力発生に必要な範囲がボイラー1個に満たない場合には、少なくともそのうち1個は、発電に必要なボイラーとみなす。

(3) 1個の蒸気タービンまたは往復機関を発電用および工場動力用の原動機として使用し、その出力の2分の1以上を発電用に充当する場合、これに蒸気を供給するボイラーは、電気工作物として取り扱うものとする。この場合において、2個以上のボイラーを使用するときは、前記2に準ずるものとする。
(4) 1個のボイラーから発生する蒸気を発電用の蒸気タービンまたは往復機関および発電用以外の用途に併用する場合、その蒸気量の2分の1以上を発電用に充当するボイラーは、電気工作物として取り扱うものとする。

（労働安全衛生法では「1959（昭和34）年4月　基発第249号」にて同様に決められている。）

また、「排気を発電用以外の用途にのみ供する発電用の蒸気タービンに蒸気を供給するボイラーの取扱について(内規)」(2003年3月平成15・01・21原院第3号)が制定され、その後、平成22・02・03原院第1号によってさらに改定され、最高使用圧力の記述を1MPaから2MPaとすることが妥当とされた。

http://www.meti.go.jp/policy/safety_security/industrial_safety/law/files/5-22naiki.pdf

II.9.2.3 ボイラー新設に係る届出等
(1) ボイラー設置届

新たにボイラーを設置しようとする場合には、届出が必要である。（規則第10条）

届出先：所轄労働基準監督署長

期　日：設置工事開始の日の30日前まで
(2) ボイラー落成検査
ボイラーを設置した者は、落成検査を受けることが定められている。（規則第14条、15条）
届出先：所轄労働基準監督署長
申請の時期：ボイラーを設置したとき
落成検査に合格したボイラーには「ボイラー検査証」が交付される。

II.9.2.4　ボイラーの検査
(1) 定期自主検査
ボイラーの使用を開始した後、1月以内ごとに1回、表2.25に示す事項について定期的な検査を行い、その結果の記録を3年間保存することが定められている（規則第32条）。
(2) 性能検査
落成検査で交付されたボイラー検査証の有効期間は1年であり（規則第37条）、その有効期間の更新を行う為には「性能検査」を受けなければならない（規則第38条、第39条）。

また、ボイラーに係る性能検査を受ける者は、ボイラー（燃焼室を含む）及び煙道を冷却し、掃除し、その他性能検査に必要な準備をしなければならない。ただし、所轄労働基準監督署長が認めたボイラーについては、ボイラー（燃焼室を含む。）及び煙道の冷却及び掃除をしないことができる（規則第40条）。

この、所轄労働基準監督署長が認めたボイラーとは、一定水準以上の管理が行われているボイラーであって、2008（平成20）年3月　基発第03270003号「ボイラー等の開放検査周期に係る認定制度について」によって、認定要領が定められている。

開放検査周期2年の認定を受けているボイラーが、開放検査周期4年の認定要件を満たしているときは、ボイラーを停止し開放した状態で受ける性能検査の周期を4年間とすることができ、さらに開放検査周期4年の認定を受けているボイラーについて、開放検査周期を6年又は8年の認定要件を満たしていれば、その周期を最大8年間とすることができる（規則第40条【解説】）。

II.9.3　第一種圧力容器
II.9.3.1　第一種圧力容器の規定
第一種圧力容器については次のとおり規定されている。

（労働安全衛生法施行令第1条）

区　分	適　用
第一種圧力容器 （PV ＞ 0.02）	蒸気その他の熱媒を受け入れ、固体または液体を加熱する容器で容器内の圧力が大気圧を超えるもの。大気圧における沸点を超える温度の液体をその内部に保有する容器　他

II.9.3.2　第一種圧力容器の取扱い
第一種圧力容器には、製造者及び使用者に対して種々の規定が示されている。
＜第一種圧力容器への規制の例＞
(1) 構造検査（規則第51条）、溶接検査（規則第53条）
(2) 設置届（規則第56条）、使用検査（規則第57条）、落成検査（規則第59条）
(3) 第一種圧力容器取扱作業主任者の選任（規則第62条）
(4) 付属品の管理（規則第65条）
(5) 定期自主検査（規則第67条）
(6) 性能検査（規則第72条～第75条）

表2.25　定期自主検査項目

項　目		点検事項
ボイラー本体		損傷の有無
燃焼装置	油加熱器及び燃料送給装置	損傷の有無
	バーナ	汚れ又は損傷の有無
	ストレーナ	つまり又は損傷の有無
	バーナタイル及び炉壁	汚れ又は損傷の有無
	ストーカ及び火格子	損傷の有無
	煙道	漏れその他の損傷の有無及び通風圧の異常の有無
自動制御装置	起動及び停止の装置、火炎検出装置、燃料しゃ断装置、水位調節装置並びに圧力調節装置	機能の異常の有無
	電気配線	端子の異常の有無
附属装置及び附属品	給水装置	損傷の有無及び作動の状態
	蒸気管及びこれに附属する弁	損傷の有無及び保温の状態
	空気予熱器	損傷の有無
	水処理装置	機能の異常の有無

II.9.3.3　第一種圧力容器新設に係る届出等

(1) 第一種圧力容器設置届
新たに第一種圧力容器を設置しようとする場合には、届出が必要である（規則56条）。

届出先：所轄労働基準監督署長
期　日：設置工事開始の日の30日前まで

(2) 第一種圧力容器落成検査
第一種圧力容器を設置した者は、落成検査を受けることが定められている（規則第59条、60条）。

届出先：所轄労働基準監督署長
申請の時期：第一種圧力容器を設置したとき

落成検査に合格した第一種圧力容器には「第一種圧力容器検査証」が交付される。

II.9.3.4　第一種圧力容器の検査

(1) 定期自主検査
第一種圧力容器の使用を開始した後、1月以内ごとに1回、次の事項について定期的な検査を行い、また、その結果の記録を3年間保存することが定められている（規則第67条）。
① 本体の損傷の有無
② ふたの締付けボルトの磨耗の有無
③ 管及び弁の損傷の有無

(2) 性能検査
落成検査で交付された第一種圧力容器検査証の有効期間は1年であり（規則第72条）、その有効期間の更新を行う為には「性能検査」を受けなければならない。（規則第73条、第74条、第75条）また、第一種圧力容器に係る性能検査を受ける者は、第一種圧力容器を冷却し、掃除し、その他性能検査に必要な準備をしなければならない。ただし所轄労働基準監督署長が認めた第一種圧力容器については、冷却及び掃除をしないことができる（第75条）。

開放検査周期2年の認定を受けている第一種圧力容器が、開放検査周期4年の認定要件を満たしているときは、第一種圧力容器を停止し開放した状態で受ける性能検査の周期を4年間とすることができ、さらに開放検査周期4年の認定を受けている第一種圧力容器について、開放検査周期を6年又は8年の認定要件を満たしていれば、その周期を最大8年間とすることができる第75条【解説】）。

II.9.4　第二種圧力容器

II.9.4.1　第二種圧力容器の規定
第二種圧力容器については次のとおり規定されている。

第2種圧力容器 ($P \geq 0.2$ かつ $V \geq 0.04$)	内部に圧縮気体を保有するもの（気体と液体とが共存している場合には、液体の温度は当該液体の大気圧における沸点以下） ゲージ圧力0.2MPa以上の気体をその内部に保有する、第1種圧力容器以外の容器で次のもの 　a．内部積が0.04 m³以上のもの 　b．胴の内径が200mm以上で、かつ、その長さが1,000mm以上　のもの

II.9.4.2　第二種圧力容器の取扱い
第二種圧力容器を設置した場合、次の事項を守らなければならない。

(1) 安全弁は最高使用圧力以下で作動するよう調整すること（規則第86条）。
(2) 圧力計の目盛りには最高使用圧力を示す位置に、見やすい表示をする。他（規則第87条）。
(3) 使用開始後、1年以内ごとに1回、定期的に自主検査を行い、その記録を3年間保管する（規則第88条）。

II.9.4.3　第二種圧力容器設置報告の廃止
設置の届出は不要であるが、明細書及び組立図等を保存しておく必要がある（1990（平成2）年9月13日付労働省令第20号）。

II.9.5　小型ボイラー及び小型圧力容器

II.9.5.1　小型ボイラー設置報告
新たに小型ボイラーを設置した場合には、設置報告が必要である（規則第91条）。

届出先：所轄労働基準監督署長
期　日：設置後遅滞無く

II.9.5.2　小型ボイラーの取扱い
小型ボイラーを設置した場合、次の事項を守らなければならない。

(1) 事業者は、小型ボイラーの取扱い業務に労働者をつかせるときには、当該労働者に対し、当該業務に関する安全のための特別の教育を行い、その記録を3年間保管する（規則第92条）。
(2) 安全弁は最高使用圧力以下で作動するよう調整すること（規則第93条）。
(3) 使用開始後、1年以内ごとに1回、定期的に自主検査を行い、その記録を3年間保管する（規則第94条）。

II.9.5.3　小型圧力容器
小型圧力容器については次のとおり規定されている。

小型圧力容器 ($0.02 \geq PV > 0.004$)	第一種圧力容器のうち、低圧、小型のもの

II.9.6 労働安全衛生規則に関連する届出（可燃性液体、可燃性気体の貯槽等）

可燃性液体(貯蔵量/1日使用量500L以上)や可燃性気体(同50m³以上(15℃、1気圧換算))等貯槽を設置する場合は届出が必要である。

届出先：所轄労働基準監督署長
期　日：当該工事の開始の日の30日前まで
【根拠法令】
・労働安全衛生法　第88条
・労働安全衛生法施行令　第9条の3(化学設備の定義)
・労働安全衛生規則　第86条(計画の届出をすべき機械等)，第276条(定期自主検査)，別表第七(計画の届出をすべき機械等)，様式第20号
【基準・通達】
・労働安全衛生規則第二百七十三条の三第一項及び別表第七の三の項の規程に基づき厚生労働大臣が定める基準(計画の届出が不要な機械等の上限)
・非常用発電機用に設置されている燃料貯蔵タンクにかかる労働安全衛生法の適用について(基安化発第1016002号,平成20年10月16日)

II.9.7 特定化学物質障害予防規則に関連する届出(アンモニア等)

脱硝用アンモニア等、特定化学物質障害予防規則の規制を受ける物質を取り扱う設備を設置する場合は届出が必要である。

届出先：所轄労働基準監督署長
期　日：当該工事の開始の日の30日前まで
【根拠法令】
労働安全衛生法　第88条
労働安全衛生法施行令　第9条の3 第二号、別表第三
労働安全衛生規則　第85・86条、別表第七
特定化学物質障害予防規則　第2条、別表第三(定義)

II.10 高圧ガス保安法

コージェネにおいて、高圧ガス保安法が適用される状況としては、常用あるいは非常用の燃料としてLPGやCNGが用いられる場合が掲げられる。

次に、高圧ガスの定義及び適用除外事項について示す。

<高圧ガスの定義>（法第二条：要約）
1. 常用の温度あるいは35℃における圧力が1MPa以上の圧縮ガス。（圧縮アセチレンガスを除く。）
2. 常用の温度あるいは15℃における圧力が0.2MPa以上の圧縮アセチレンガス。
3. 常用の温度における圧力が0.2MPa以上となる液化ガス又は、圧力が0.2MPaになる温度が35℃以下である液化ガス。
4. 上記に掲げるものを除くほか、温度が35℃において圧力0Paを超える液化ガスのうち、液化シアン化水素、液化ブロムメチル又はその他の液化ガスであって政令で定めるもの。

<高圧ガス保安法の適用除外>（法第三条：要約）
1. 高圧ボイラー及びその導管内における高圧蒸気。
2. 電気事業法第二条第一項第十八号の電気工作物内における高圧ガス。
電気工作物とは発電、変電、送電若しくは配電又は電気の使用のために設置する機械、器具、ダム、水路、貯水池、電線路その他の工作物をいう。
3. その他災害発生のおそれがない高圧ガスであって、政令で定めるもの。政令で定める高圧ガスは、次のとおりとする。
3-1. 圧縮装置（空気分離装置に用いられているものを除く。）内における圧縮空気であって、温度が35℃において圧力5MPa以下のもの。
3-2. 経済産業大臣が定める方法により設置されている圧縮装置内における圧縮ガス（第一種ガス（空気を除く。）を圧縮したものに限る。）であって、温度35℃において圧力5MPa以下のもの。
3-3. 冷凍能力が3t未満の冷凍設備内における高圧ガス。
3-4. 冷凍能力が3t以上5t未満の冷凍設備内における高圧ガスであるフルオロカーボン。（不活性のものに限る。）
3-5. 液化ガスと液化ガス以外の液体との混合液であって、その質量の15/100以下が液化ガスの質量であり、かつ、温度35℃において圧力0.6MPa以下のもののうち、経済産業大臣が定めるものにおける当該ガス。
3-6. 内容積1L以下の容器内における液化ガスであって、温度35℃において圧力0.8MPa以下のもののうち、経済産業大臣が定めるもの。

II.10.1 貯蔵所の許可・届出

高圧ガスを貯蔵する際、LPG及びCNGの貯蔵する数

手続	申請・届出先	取扱い	LPG、CNGの貯蔵量
認可申請	都道府県知事	第1種貯蔵所	1,000m³以上
届　出	都道府県知事	第2種貯蔵所	300m³以上1,000m³未満
不　要	—	—	300m³未満

（参考：LPG10kgは容積1m³とみなす）

(注) 同一事務所内に第1種ガス（ヘリウム、窒素、空気等）を別途貯蔵する施設を有する場合は、一般則第101条及び102条に基づいて手続きを行うこと。
また、各都道府県の窓口は、それぞれ担当部署名称が異なる為、実際の手続の際には問合せること。

量によって手続が異なる（法第16条、施行令第5条）。

II.10.2　第1種貯蔵所の完成検査

第1種貯蔵所の許可を受けたものは、その設置が完成した時に、都道府県知事が行う完成検査を受けて、技術上の基準に適合している確認の後でなければ使用してはならない。なお、高圧ガス保安協会又は指定完成検査機関が行う完成検査に合格し、都道府県知事に届出た場合は、この限りでない（法第20条）。

II.10.3　特定高圧ガス消費届

CNG及びLPGは、「災害の発生を防止するために特別の注意を要する高圧ガス（特定高圧ガス）」に属する。この特定高圧ガスを消費する者には「特定高圧ガス消費届」を届出ることが定められている（法第24条の2、施行令第7条）。

＜届出の対象＞

高圧ガスの種類	貯蔵数量
CNG	300m³以上
LPG	3,000kg以上

＜特定高圧ガス消費届＞

届出単位	事業所ごと
提出期日	消費開始の20日前まで
内　容 （添付書面）	特定高圧ガスの種類、消費のための施設の位置、構造及び設備並びに消費の方法を記載した書面
提出先	都道府県知事

II.10.4　液化石油ガスエア発生装置

非常時にプロパンガスと空気を混合してコージェネへ燃料を供給し、その運転を継続させる液化石油ガスエア発生装置は、貯蔵量が3,000kg以上となると、高圧ガス保安法により第1種または第2種貯蔵所になるので、第1種貯蔵所設置許可申請書または第2種貯蔵所設置届書を提出する必要がある。この場合には、消防署への「圧縮アセチレン等の貯蔵又は取扱いの開始届出書」の届け出は不要である。

貯蔵量が300kg以上3,000kg未満では、高圧ガス保安法に定められた申請等は不要であるが、消防法第9条第3項により、「圧縮アセチレン等の貯蔵又は取扱いの開始届出書」を貯蔵又は取扱い開始前に所轄の消防署に届ける必要があるので、II.2.3.5を参照のこと。

II.11　その他制度
II.11.1　常用防災兼用自家発電設備の認証制度

消防設備等の非常電源として用いられる自家発電設備は、消防庁長官が定めた登録機関によって認証された設備であることが求められている。（一社）日本内燃力発電設備協会は自家発電設備の登録認定機関として総務省消防庁に登録されている。

II.11.2　都市ガス供給系統の評価

都市ガス専焼の自家発電設備を常用防災兼用機とする場合、燃料となる都市ガスの供給系統の耐震性が求められる。この耐震性の評価は（一社）日本内燃力発電設備協会に設置されている学識経験者等から構成される委員会が消防庁告示に基づいて、阪神大震災級の地震発生時においても都市ガスが安定して供給されるかを判定するものである。

Ⅲ　資格要件

コージェネを設置する場合、第Ⅰ章、第Ⅱ章で示してきた数多くの法令が関係するとおり、設置工事の計画の段階から設備の運用に至るまで、その設備を安全に稼動させるために種々の資格要件が規定されている。

Ⅲ.1　電気事業法〈電気主任技術者、ボイラー・タービン主任技術者〉

電気事業法第43条では事業用電気工作物は主任技術者の免状を受けている者から主任技術者を選任するよう規定され、電気事業法施行規則（以下、施規）において具体的な内容が示され（施規第52条～第56条）、「主任技術者制度の解釈及び運用（内規）」（経済産業省大臣官房商務流通保安審議官　2016年10月25日付け20161005商局第2号）には選任される者の資格や条件が定められているので参照のこと。

Ⅲ.1.1　選任すべき主任技術者

事業場又は設備によって選任すべき主任技術者を表3.1に示す。

Ⅲ.1.2　主任技術者免状の種類による保安の監督が出来る範囲（施規第56条）

主任技術者免状の種類によって保安の監督ができる範囲を表3.2に示す。（施規第56条）

Ⅲ.1.3　主任技術者の選任許可条件（主任技術者制度の解釈及び運用（内規））

法第43条には、主任技術者の選任は主任技術者免状の公布を受けている者のうちから選任しなければならないことが定められているが、同2項には主務大臣の許可を受けて、主任技術者免状の公布を受けていない者を主任技術者に選任することができる例外規定があり、この内規に、許可の具体的な条件等が定められている（表3.3）。

Ⅲ.1.4　主任技術者の兼任承認条件（主任技術者制度の解釈及び運用（内規））

施規第52条第4項には、主任技術者に二以上の事業

表3.1　選任すべき主任技術者（施規第52条第1項の火力発電所の内容を抜粋）

事業場又は設備	選任すべき主任技術者
二　火力発電所（小型の汽力を原動力とするものであって別に告示するもの、小型のガスタービンを原動力とするものであって別に告示するもの及び内燃力を原動力とするものを除く。）又は燃料電池発電所（改質器の最高使用圧力が九十八キロパスカル以上のものに限る。）の設置の工事のための事業場	第一種電気主任技術者免状、第二種電気主任技術者免状又は第三種電気主任技術者免状の交付を受けている者及び 第一種ボイラー・タービン主任技術者免状又は第二種ボイラー・タービン主任技術者免状の交付を受けている者
三　燃料電池発電所（二に規定するものを除く。）、変電所、送電線路又は需要設備の設置の工事のための事業場	第一種電気主任技術者免状、第二種電気主任技術者免状又は第三種電気主任技術者免状の交付を受けている者
五　火力発電所（小型の汽力を原動力とするものであって別に告示するもの、内燃力を原動力とするもの及び出力一万キロワット未満のガスタービンを原動力とするものを除く。）及び燃料電池発電所（改質器の最高使用圧力が九十八キロパスカル以上のものに限る。）	第一種ボイラー・タービン主任技術者免状又は第二種ボイラー・タービン主任技術者免状の交付を受けている者
六　発電所、変電所、需要設備又は送電線路若しくは配電線路を管理する事業場を直接統括する事業場	第一種電気主任技術者免状、第二種電気主任技術者免状又は第三種電気主任技術者免状の交付を受けている者及び その直接統括する発電所のうちに五のガスタービンを原動力とする火力発電所以外のガスタービンを原動力とする火力発電所（小型のガスタービンを原動力とするものであって別に告示するものを除く。）がある場合は、第一種ボイラー・タービン主任技術者免状又は第二種ボイラー・タービン主任技術者免状の交付を受けている者

表3.2 保安の監督をすることができる範囲（施規第56条）

主任技術者免状の種類	保安の監督をすることができる範囲
一　第一種電気主任技術者免状	事業用電気工作物の工事、維持及び運用（六に掲げるものを除く。）
二　第二種電気主任技術者免状	電圧十七万ボルト未満の事業用電気工作物の工事、維持及び運用（六に掲げるものを除く。）
三　第三種電気主任技術者免状	電圧五万ボルト未満の事業用電気工作物（出力五千キロワット以上の発電所を除く。）の工事、維持及び運用（六に掲げるものを除く。）
六　第一種ボイラー・タービン主任技術者免状	火力設備（小型の汽力を原動力とするものであって別に告示するもの、小型のガスタービンを原動力とするものであって別に告示するもの及び内燃力を原動力とするものを除く。）、原子力設備及び燃料電池設備（改質器の最高使用圧力が九十八キロパスカル以上のものに限る。）の工事、維持及び運用（電気的設備に係るものを除く。）
七　第二種ボイラー・タービン主任技術者免状	火力設備（汽力を原動力とするものであって圧力五千八百八十キロパスカル以上のもの及び小型の汽力を原動力とするものであって別に告示するもの、小型のガスタービンを原動力とするものであって別に告示するもの及び内燃力を原動力とするものを除く。）、圧力五千八百八十キロパスカル未満の原子力設備及び燃料電池設備（改質器の最高使用圧力が九十八キロパスカル以上のものに限る。）の工事、維持及び運用（電気的設備に係るものを除く。）

表3.3 選任許可の対象

主任技術者の別	選任許可の対象
電気主任技術者	次のものについて許可の対象となる者の学歴、資格、実務経験等の要件が定められている。 ・出力 500kW 未満の発電所 ・電圧 10,000V 未満の変電所 ・最大電力 500kW 未満の需要設備 ・電圧 10,000V 未満の送電線路又は配電線路を管理する事業所
ボイラー・タービン主任技術者	次に掲げる区分に応じ、許可の対象となる者の学歴、資格、実務経験等の要件が定められている。 ・出力 200kW 未満、圧力 1,000kPa 未満かつボイラーの最大蒸発量（ボイラーを2個以上設置する場合はその蒸発量の和）が4トン/h 未満の火力発電所等 ・出力 5,000kW 未満かつ圧力 1,470kPa 未満の火力発電所、燃料電池発電所等 ・圧力 2,940kPa 未満の火力発電所、燃料電池発電所等 ・圧力 5,880kPa 未満の火力発電所、燃料電池発電所等 ・圧力 5,880kPa 以上の火力発電所、燃料電池発電所等

表3.4 兼任承認の要件

主任技術者の別	兼任承認の要件
電気主任技術者	・7,000V 以下で連携 ・兼任させようとする者が常時勤務する事業場と兼任する事業場の関係が基準を満たしていること ・電気主任技術者免状を受けていること ・2時間以内に到達可能、点検を施規第53条第2項第5号で定められた頻度で行うこと ・常時勤務しない事業場での主任技術者に連絡する責任者の選任
ボイラー・タービン主任技術者	・兼任させようとする者が常時勤務する事業場と兼任する事業場の関係が基準を満たしていること ・ボイラー・タービン主任技術者免状を受けていること ・30分以内に到達可能 ・常時勤務しない事業場での体制の整備、主任技術者に連絡する責任者の選任

場又は設備の主任技術者を兼ねさせてはならないことが定められているが、工事、維持及び運用の保安上支障がないと認められる場合であって、経済産業大臣等の承認を受けた場合には兼任を認める例外規定があり、この内規に、承認の具体的な要件等が定められている（表3.4）。

III.2 消防法〈危険物保安監督者〉

　コージェネの運転に係る液体燃料を始めとする可燃性を有する危険物の貯蔵及び取扱いに関し、保安を監督する者について、次のとおり定められている。

（危険物の保安を監督する者）（抜粋）
法第13条　政令で定める製造所、貯蔵所又は取扱所の所有者、管理者又は占有者は、甲種危険物取扱者又は乙種危険物取扱者で、6月以上危険物取扱いの実務経験を有するもののうちから危険物保安監督者を定め、保安の監督をさせなければならない。
②また、危険物保安監督者を定めたときは、遅滞なくその旨を市町村長等に届け出なければならない。

また、製造所などの所有者、管理者又は占有者が危険物保安監督者に行わせなければならない業務として、次の事項が示されている（危険物の規制に関する規則（以下、危規則）第48条）。
(1) 危険物の取扱作業の実施に際し、技術上の基準及び予防規程などの保安に関する規定に適合するように作業者に対し必要な指示を与えること
(2) 火災等の災害が発生した場合は、作業者を指揮して応急の措置を講ずるとともに、直ちに消防機関その他関係のあるものに連絡すること
(3) 危険物施設保安員をおく製造所などにあっては、その者に必要な指示を行うこと
(4) 火災等の災害の防止に関し、当該製造所などに隣接する製造所などその他関連する施設の関係者との間に連絡を保つこと
(5) 危険物の取扱作業の保安に関し必要な監督業務

III.2.1 免状の種類による保安を監督出来る範囲（危規則第49条）

免状の種類	保安の監督が出来る範囲
甲種危険物取扱者	全ての種類の危険物
乙種危険物取扱者	免状に指定された種類の危険物 （例）灯油、軽油、重油、潤滑油：乙種第4類

（参考）丙種危険物取扱者は、特定の危険物（ガソリン、灯油、軽油、重油等）を取り扱うことのみの資格を有し、保安を監督する資格は有していない。

III.2.2 危険物保安監督者を要する施設（危険物の規制に関する政令（以下、危政令）第31条の2）

危険物保安監督者を選任する対象施設を次のとおり抜粋・要約した。

施設等の種類	適用
屋内貯蔵所 地下タンク貯蔵所	原則として必要。ただし、引火点が40℃以上の第4類危険物のみを指定数量の30倍以下の貯蔵、取扱いの場合は必要ない。
屋外貯蔵所	指定数量の30倍を超えて危険物を貯蔵し、取扱う場合は必要。
屋外タンク貯蔵所 簡易タンク貯蔵所	原則として必要。ただし、引火点が40℃以上の第4類危険物のみを貯蔵し、取扱う場合は必要ない。
一般取扱所	原則として必要。ただし、引火点が40℃以上の第4類危険物のみを指定数量の30倍以下で、次の目的で取扱う場合は必要ない。 ・ボイラー、バーナーその他これに類する装置で危険物を消費するもの ・危険物を容器に詰替えるもの

III.2.3 危険物保安統括管理者を要する事業所等

指定数量の3,000倍以上の第4類危険物を取扱う事業所においては、当該事業所においてその事業の施設を統括管理する者の中から「危険物保安統括管理者」を定め、危険物の保安に関する業務を統括管理させなければならないと定められている（法第12条、危政令第30条の3）。

III.3 エネルギーの使用の合理化に関する法律（省エネ法）

「エネルギーの使用の合理化に関する法律」、いわゆる「省エネ法」はコージェネの設置・運転に伴い必ず適用される法ではないが、コージェネが設置される工場等（工場または事務所その他の事業場）はエネルギー多消費であることが多いため、規制の対象となるかどうかについては注意が必要である。

2008年の法改正により、それまでの工場・事業場単位のエネルギー管理から、事業者単位でのエネルギー管理に規制体系が変更となり、事業者全体（本社、工場、支店、営業所、店舗等）の年間のエネルギー使用量（原油換算値）が合計して1,500kℓ以上であれば、そのエネルギー使用量を事業者単位で国へ届け出て、特定事業者の指定を受けなければならない。

また、フランチャイズチェーン事業者等の本部とその加盟店間の約款等の内容が、経済産業省令で定める条件に該当する場合、その本部が連鎖化事業者となり、加盟店を含む事業全体の年間のエネルギー使用量（原油換算値）が合計して1,500kℓ以上の場合には、その使用量を本部が国へ届け出て、本部が特定連鎖化事業者の指定を受けなければならない。

2014年の法改正により、電気の需要の平準化（季節または時間帯による変動を減少させること）の推進が強化されているが、資格要件等については変更がない。

III.3.1 特定事業者・特定連鎖化事業者の業務内容

事業者全体のエネルギー使用量（原油換算値）が1,500kℓ／年度以上であり、特定事業者または特定連鎖化事業者に指定された事業者に課される義務、目標を表3.5、表3.6、表3.7に要約する。

III.3.2 エネルギー管理統括者等の選任・資格要件及び選任数

エネルギー管理統括者の役割、選任・資格要件、選任時期を表3.8に、エネルギー管理統括者等の選任数を表3.9に示す。

表3.5　事業者全体としての義務

年度間エネルギー使用量 (原油換算値 kℓ)	1,500 kℓ 以上	1,500 kℓ 未満
事業者の区分	特定事業者または特定連鎖化事業者	－
事業者義務／選任すべき者	エネルギー管理統括者及びエネルギー管理企画推進者	－
事業者義務／取り組むべき事項	判断基準に定めた措置の実践（管理標準の設定、省エネ措置の実施等） 指針に定めた措置の実践（燃料転換、稼働時間の変更等）	
事業者の目標	中長期的に見て年平均1％以上のエネルギー消費原単位 または電気需要平準化評価原単位の低減	
行政によるチェック	指導・助言、報告徴収・立入検査、合理化計画の作成 指示への対応 （指示に従わない場合、公表・命令）等	指導・助言への対応

表3.6　特定事業者または特定連鎖化事業者が設置する工場等ごとの義務

年度間エネルギー使用量 (原油換算値 kℓ)	3,000 kℓ 以上		1,500 kℓ 以上 〜 3,000 kℓ 未満	1,500 kℓ 未満
指定区分	第一種エネルギー管理指定工場等		第二種エネルギー管理指定工場等	指定無し
事業者の区分	第一種特定事業者	第一種指定事業者	第二種特定事業者	－
業種	製造業等5業種 （鉱業、製造業、電気供給業、ガス供給業、熱供給業） 事務所を除く	左記業種の事務所 左記以外の業種 （ホテル、病院、学校等）	全ての業種	全ての業種
選任すべき者	エネルギー管理者	エネルギー管理員	エネルギー管理員	－

表3.7　特定事業者または特定連鎖化事業者が提出すべき書類

提出書類	提出期限	提出先
定期報告書	毎年度7月末日	事業者の主たる事務所（本社）所在地を管轄する経済産業局及び当該事業者が設置している全ての工場等に係る事業所管省庁
中長期計画書	毎年度7月末日	同上
エネルギー管理者等の選解任届	選解任のあった日後、最初の7月末日	事業者の主たる事務所（本社）所在地を管轄する経済産業局

表3.8　エネルギー管理統括者等の役割、選任・資格要件、選任時期

選任すべき者	役割／事業者単位のエネルギー管理	役割／工場等単位のエネルギー管理	選任・資格要件	選任時期
エネルギー管理統括者 (法第7条の2)	①経営的視点を踏まえた取り組みの推進 ②中長期計画のとりまとめ ③現場管理に係る企画立案、実務の統制	－	事業経営の一環として、事業者全体の鳥瞰的なエネルギー管理を行い得る者 （役員クラスを想定）	選任すべき事由が生じた日以降遅滞なく選任
エネルギー管理企画推進者 (法第7条の3)	エネルギー管理統括者を実務面から補佐	－	エネルギー管理士またはエネルギー管理講習終了者	選任すべき事由が生じた日から6ヶ月以内に選任
エネルギー管理者 (法第8条)	－	第一種エネルギー管理指定工場等に係る現場管理 （第一種指定事業者を除く）	エネルギー管理士	選任すべき事由が生じた日から6ヶ月以内に選任
エネルギー管理員 (法第13条)	－	第一種エネルギー管理指定工場等に係る現場管理 （第一種指定事業者の場合） 第二種エネルギー管理指定工場等に係る現場管理	エネルギー管理士またはエネルギー管理講習終了者	

表3.9　エネルギー管理統括者等の選任数

選任すべき者	事業者の区分			選任数
エネルギー管理統括者	特定事業者または特定連鎖化事業者			1人
エネルギー管理企画推進者	特定事業者または特定連鎖化事業者			1人
エネルギー管理者	第一種特定事業者（第一種エネルギー管理指定工場等（製造5業種））	①コークス製造業、電気供給業、ガス供給業、熱供給業の場合	10万kℓ/年度以上	2人
^	^	^	10万kℓ/年度未満	1人
^	^	②製造業（コークス製造業を除く）、鉱業の場合	10万kℓ/年度以上	4人
^	^	^	5万kℓ/年度以上 10万kℓ/年度未満	3人
^	^	^	2万kℓ/年度以上 5万kℓ/年度未満	2人
^	^	^	2万kℓ/年度未満	1人
エネルギー管理員	第一種指定事業者（第一種エネルギー管理指定工場等（製造5業種以外））			1人
^	第二種特定事業者（第二種エネルギー管理指定工場等）			1人

※エネルギー管理統括者等は、一定の条件を満たす場合に限り、兼任（施行規則第6条第2項及び第3項、第6条の4第2項、第8条第2項、第11条第2項）、外部委託を認める。
※エネルギー管理士の免状を取得するためには、エネルギー管理士試験に合格するかエネルギー管理研修を終了することが必要。
※エネルギー管理講習の修了者は、エネルギー管理企画推進者、エネルギー管理員に選任することが可能。

III.4　特定工場における公害防止組織の整備に関する法律（以下、特公法）〈公害防止管理者〉

この法律は、公害防止統括者等の制度を設けることにより、特定工場における公害防止組織の整備を図り、もって公害の防止に資することを目的としている（特公法第1条）。すなわち、公害防止管理者等の選任についてはこの法律によって規定されており、大気汚染防止法、騒音規制法、振動規制法等の規定事項ではないことに注意願う。

III.4.1　ばい煙に関する管理者を要する事業場

「特定工場における公害防止組織の整備に関する法律施行令（以下、特公令）」第1条では特定工場として次の4つの業種が示されており、排出ガス量の合計が10,000m³N/h以上が対象の事業場となる（特公令第2条）。

該当業種	排出ガス量の合計
製造業（物品の加工業を含む。）電気供給業 ガス供給業 熱供給業	10,000 m³N/h以上

本法の対象外となっている事業場においては、コージェネを導入することによって既存のばい煙発生施設から排出されるばい煙の量との合計が規定量を上回るか否かを確認しておく必要がある。

なお、コージェネにおいてばい煙発生施設として扱われるものは、大気汚染防止法施行令（以下、大防令）別表第1で掲げられる施設とされており、対象と規模は次のとおりである。

対象施設	規模
ガスタービン ディーゼル機関 燃料電池用改質器器[*1]	重油換算[*2] 50ℓ/h 以上
ガス機関（ガスエンジン）	重油換算[*3] 35ℓ/h 以上

*1： 燃料電池の改質器がばい煙発生施設のガス発生炉に該当（大防令第2条、大気汚染防止法施行規則第15条）
*2： 重油10ℓあたりが、液体燃料10ℓに、ガス燃料16m³に相当（46環大規5号）
*3： ガス燃料の発熱量は総発熱量を用いるものとし、重油の発熱量は 9,600kcal/ℓ（= 約40.19MJ/ℓ）として換算（2環大規384号）

III.4.2　大気関係公害防止管理者の選任

特公法における公害防止管理者の選任については特公法第4条に規定されており、特公令第8条で選任が必要な有資格者の種類が示されている（表3.10）。なお、公害防止管理者を選任する場合、代理者の選任も行わなければならない（特公法第6条）。

表3.10 特公令別表第2及び別表第3

管理の対象	有資格者の種類
特公令第7条第1項第1号に掲げるばい煙発生施設で排出ガス量が4万m³/h以上の工場に設置されているもの	大気関係第1種有資格者（大気関係第1種公害防止管理試験合格者又は技術士、計量士で所定の講習の課程を修了した者）
同　　　　4万m³/h 未満	大気関係第1種有資格者又は大気関係第2種有資格者（大気関係第2種公害防止管理者試験合格者又は実務経験を有する衛生管理者、保安技術管理者、毒物劇物取扱責任者、薬剤師、技術士、計量士等で所定の講習の課程を修了した者）
特公令第7条第1項第2号に掲げるばい煙発生施設で排出ガス量が4万m³/h以上の工場に設置されているもの	大気関係第1種有資格者又は大気関係第3種有資格者（大気関係第3種公害防止管理者試験合格者又は保安管理技術者、エネルギー管理士、技術士、計量士等で所定の講習の課程を修了した者）
同　　　　4万m³/h 未満	大気関係第1種、第2種及び第3種有資格者又はエネルギー管理士、甲種ガス主任技術者、第1種・第2種電気主任技術者、第1種・第2種ボイラー・タービン主任技術者、乙種ガス主任技術者、計量士、技術士等で所定の講習を修了した者

〈参考1〉・特公令第7条第1項第1号に掲げるばい煙発生施設
　　　　　→ 大防令別表第1の9（一部を除く）及び14から26に掲げる炉等のいずれかのばい煙発生施設
　　　　・特公令第7条第1項第2号に掲げるばい煙発生施設
　　　　　→ 上記以外のばい煙発生施設（コージェネに関係する、2ガス発生炉（燃料電池用改質器）、29ガスタービン、30ディーゼル機関、31ガス機関等を含む）
〈参考2〉有資格者とは、当該大気関係第1～4種公害防止管理者試験に合格した者又は特公令別表第3に掲げる資格を有する者をいう。

Ⅲ.4.3　騒音関係及び振動関係公害防止管理者

コージェネに設置される設備であって、騒音規制法及び振動規制法で「特定施設」とされる送風機及び圧縮機は、特公法第2条にある「著しい騒音を発生する施設」及び「著しい振動を発生する施設」に該当しない（特公令第4条及び第5条の2）ため、騒音関係及び振動関係公害防止管理者の選任の必要はない。

コージェネ関連設備	騒音及び振動関係公害防止管理者
7.5kW以上の圧縮機及び送風機	選任不要

Ⅲ.4.4　公害防止統括者と公害防止主任管理者の選任

特定工場を設置している者は、公害発生の防止の為に公害発生施設の使用の方法の監視等の業務を統括管理する者として、「公害防止統括者」及び代理者を選任しなければならない（特公法第3条、第6条）。

また、ばい煙発生施設及び汚水排水施設が設置され、排出ガス量が4万m³/h以上、かつ、排出水量が1万m³/日以上の工場においては、公害防止統括者を補佐し、公害防止管理者を指揮する「公害防止主任管理者」及び代理者を選任しなければならない（特公法第5条、第6条、特公法施行令第9条）。

なお、公害防止主任管理者となる者は、公害防止主任管理者有資格者又は大気関係第1種もしくは第3種有資格者であって、かつ水質関係第1種もしくは第3種有資格者である者とされている（施行令第11条）。

選任の条件	選任が必要な者
特定工場を設置している者	公害防止統括者及び代理者
ばい煙排出ガス量4万m³/h以上かつ排出水量が1万m³/日以上	公害防止主任管理者及び代理者

コージェネに関係する管理の対象となる施設と有資格者の種類を表3.10に示す。

Ⅲ.5　労働安全衛生法
＜ボイラー取扱作業主任者、特定化学物質作業主任者＞

ボイラーの操作に必要な資格要件をボイラーの区分と合わせて図3.1に示す。

Ⅲ.5.1　ボイラー取扱作業主任者の選任

労働安全衛生法において関係するのは、本法省令の「ボイラー及び圧力容器安全規則」であり、作業の区分に応じて「ボイラー取扱作業主任者」の選任をしなければならない。その選任について表3.11に示す。

伝熱面積の算定

ボイラーの取扱作業主任者の選任要件にかかる伝熱面積の算定については、次のとおり示されている（規則第24条）。

（1）伝熱面積を算入しないボイラー
　　（令第20条、第5号イ～ニ）
　　通称小規模ボイラー

c．伝熱面積が14㎡以下の温水ボイラー
d．伝熱面積が30㎡以下の貫流ボイラー（ただし、気水分離器を有するものは、その気水分離器の内径が400mm以下かつ内容積が0.4㎡以下のもの）

（2）貫流ボイラー、排ガスボイラー及び自動制御装置付ボイラー

それぞれのボイラーについて、伝熱面積の算入に関して表3.12のとおり定められている。

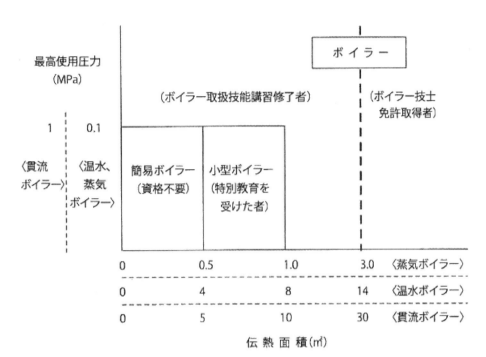

図3.1　ボイラーの操作に必要な資格要件

表3.11　ボイラーの取扱作業主任者

(安全規則第24条)

伝熱面積合計による作業の区分	ボイラー取扱作業主任者となる資格
500 ㎡以上 （貫流ボイラーのみ取扱う場合を除く）	特級ボイラー技士
25 ㎡以上 500 ㎡未満 （貫流ボイラーのみで合計 500 ㎡以上のとき含む）	1級ボイラー技士及び上位資格
25 ㎡未満	2級ボイラー技士及び上位資格
小規模ボイラーのみ	ボイラー取扱技能講習修了者 2級ボイラー技士及び上位資格

表3.12　伝熱面積の算定方法

ボイラーの種類	伝熱面積の算定方法
貫流ボイラー	その伝熱面積の1/10（排ガスボイラー含む）
排ガスボイラー	その伝熱面積の1/2（貫流ボイラー以外）
自動制御装置付ボイラー	当該ボイラーのうち、最大の伝熱面積を有するボイラーを除いたその他のボイラーの伝熱面積は算入しないことが出来る。ただし、厚生労働大臣が定めた自動制御装置付のものに限る。（2014年3月26日告示第131号）

a．胴の内径750mm以下、かつ長さ1,300mm以下の蒸気ボイラー
b．伝熱面積が3㎡以下の蒸気ボイラー

III.5.2　特定化学物質作業主任者の選任
　　　　（脱硝用アンモニア設備等）

　脱硝用アンモニア等、特定化学物質障害予防規則の規制を受ける物質を取り扱う場合には、特定化学物質及び四アルキル鉛等作業主任者技能講習の修了者から、特定化学物質作業主任者を選任する必要がある。（選任の届出は不要）

　なお、交代制勤務の場合、特定化学物質作業主任者は直毎に選任する必要があるので、注意が必要である。

　（労働安全衛生法第14条、労働安全衛生法施行令第6条第18号、特定化学物質障害予防規則第27条）

III.6　高圧ガス保安法
　　　　〈特定高圧ガス取扱主任者〉

　CNGにおいては300m³以上、LPGにあっては3,000kg以上貯蔵して消費する者（特定高圧ガス消費者）は、事業所ごとに「特定高圧ガス取扱主任者」を選任しなければならないと定められている（法第28条、施行令第7条）。

　なお、選任にあたっては、次のいずれかに該当することとされている（規則第73条）。

a．特定高圧ガスの製造又は消費に関して1年以上の経験を有する者
b．所定の学校教育を修了し特定高圧ガスの製造又は消費に関し6月以上の経験を有する者。
c．甲、乙、丙種化学責任者免状、甲、乙種機械責任者免状又は第1種販売主任者免状の交付を受けている者

　また、申請においては資格を有する証の書面を添付して、都道府県知事に提出しなければならない（規則第75条）。

IV コージェネレーションシステム導入に係る届出の様式

　これまで解説してきた各種法令に基づいた主な申請及び届出事項を法令ごとに整理した（必要な届出はⅠ.5 自家用電気工作物導入に関連する主な法令と届出等手続き一覧参照）。届出様式は経済産業省等の各ホームページからダウンロード可能である。

　本章では導入に関する様式のみを掲載する。導入後の変更や保安に関する様式は別途確認願う。

IV.1　電気事業法関係

◆経済産業省HP

http://www.meti.go.jp/policy/safety_security/industrial_safety/sangyo/electric/detail/tebiki_index2.html

自家用電気工作物に係る保安について

> 　自家用電気工作物を設置する者は、電気事業法の規定により、以下のことが義務付けられています。
> 1. 事業用電気工作物の維持／技術基準適合維持（法第39条）
> 2. 保安規程の制定、届出及び遵守（法第42条）
> 3. 主任技術者の選任及び届出（法第43条）
> 　上記のうち、2及び3は電気事業法に基づき、国への手続き等が必要となります。各手続きは、電気工作物の設置の場所を管轄する産業保安監督部（産業保安監督部長）に対して行いますが、2以上の産業保安監督部の管轄区域になる場合は本省（経済産業大臣）に対して行います。

届出・申請様式
- 主任技術者選任又は解任届出書
- 主任技術者選任許可申請書
- 主任技術者兼任承認申請書
- 保安規程届出書

◆関東東北産業保安監督部HP

http://www.safety-kanto.meti.go.jp/denki/jikayou/youshiki.html

保安規程関係
- 保安規程届出書

電気主任技術者関係
- 主任技術者選任又は解任届出書
- 主任技術者兼任承認申請書
- 主任技術者選任許可申請書

工事計画関係
- 工事計画届出書（需要設備に係るもの）
- 工事計画届出書（ばい煙発生施設に係るもの）
- 使用前安全管理審査申請書

http://www.safety-kanto.meti.go.jp/denki/jikayou/itaku02.html

電気管理技術者（個人）用の申請書類
- 保安管理業務外部委託承認申請書

◆経済産業省HP

http://www.meti.go.jp/policy/safety_security/industrial_safety/links/kantokubu.html

産業保安監督部一覧（2013（平成25）年2月現在）
- 北海道産業保安監督部
- 関東東北産業保安監督部東北支部
- 関東東北産業保安監督部
- 中部近畿産業保安監督部
- 北陸産業保安監督署
- 中部近畿産業保安監督部近畿支部
- 中国四国産業保安監督部
- 中国四国産業保安監督部四国支部
- 九州産業保安監督部
- 那覇産業保安監督事務所

◆一般財団法人発電設備技術検査協会HP

http://www.japeic.or.jp/gyoumu/anzenkanri/shinsei/shinsei.htm

安全管理審査
- 使用前安全管理審査

（参考情報）

◆経済産業省HP

http://www.meti.go.jp/policy/safety_security/

> 　2017（平成29）年4月の電気事業法改正において、設置者が行う電気工作物の溶接部に対する検査（溶接事業者検査）の実施に係る体制を従来規制当局が確認してきた「溶接安全管理審査」は廃止となり、設置者が実施した溶接事業者検査の実施状況及びその結果を国又は登録安全管理審査機関がその記録を用いて事後確認するよう改正を行いました。

industrial_safety/sangyo/electric/detail/yousetu.html
溶接事業者検査の取扱いについて

IV.2 消防法関係

◆東京消防庁HP

http://www.tfd.metro.tokyo.jp/drs/ss.html
消防用設備等届出・火気設備届出・電気設備届出（新設・改設など）・消防設備業届出
1 火を使用する設備等の工事又は整備業届出書
3 燃料電池発電設備設置(変更)届出書
4 消防用設備等（特殊消防用設備等）設置届出書(法第17条の3の2)
36 燃料電池発電設備概要表
38 内燃機関を原動力とする発電設備概要表
39 蓄電池設備概要表
42 工事整備対象設備等着工届出書
43 火を使用する設備等の設置（変更）届出書
52 電気設備設置（変更）届出書
56 消防用設備等(特殊消防用設備等)設置計画届出書
57 消防用設備等(特殊消防用設備等)設置届出書

http://www.tfd.metro.tokyo.jp/drs/ss_mokuteki6.html
危険物関係
2 危険物製造所、貯蔵所、取扱所設置許可申請書
16 危険物製造所、貯蔵所、取扱所完成検査申請書

予防規程および保安監督者等
3 危険物保安統括管理者選任・解任届出書
4 危険物保安監督者選任・解任届出書

少量危険物、指定可燃物
1 少量危険物、指定可燃物の設置（変更）届出書

IV.3 建築基準法関係

◆東京都都市整備局HP

http://www.toshiseibi.metro.tokyo.jp/kenchiku/kijun/kn_k13.htm
建築基準法施行規則様式
7 確認申請書（工作物）（第十号様式）　第88条1項関係
11 完了検査申請書（建築物）（第十九号様式）
13 中間検査申請書（第二十六号様式）

http://www.toshiseibi.metro.tokyo.jp/kenchiku/kijun/kn_k08.htm
東京都建築基準法施行細則様式
第2号様式 工事監理者届

IV.4 労働安全衛生法関係

◆厚生労働省HP

http://www.mhlw.go.jp/bunya/roudoukijun/anzeneisei36/02.html
ボイラー及び圧力容器安全規則関係様式
・ボイラー設置届
・落成検査申請書
○第一種圧力容器
・第一種圧力容器設置届
・第一種圧力容器落成検査申請
○小型ボイラー
・小型ボイラー設置報告書

IV.5 高圧ガス保安法関係

◆経済産業省HP

http://www.meti.go.jp/policy/safety_security/industrial_safety/law/law8_2.html
一般高圧ガス保安規則
様式第7 第一種貯蔵所設置許可申請書
様式第9 第二種貯蔵所設置届書
様式第14 第一種貯蔵所完成検査申請書
様式第29 特定高圧ガス消費届書
様式第32 危害予防規程届書
様式第36 特定高圧ガス取扱主任者届書

V 助成制度と補助事業

コージェネ及び周辺設備の導入、設備のメンテナンスに対して国や地方自治体からの経済的支援として、補助金、金融上もしくは税制上の優遇措置などがある。以下に国や地方自治体が2017年度予算として公表している助成制度のうちコージェネに係る制度を紹介する。

V.1 国が支援するコージェネの導入補助制度

各省庁が支援する産業用、業務用、家庭用各分野のコージェネ導入に係る補助制度を表5.1に示す。各省庁の補助事業は基本政策を実現するために予算措置されるため、エネルギー基本計画などの基本政策や予算要求のポイントを注視することで、将来の補助事業の予算や補助要件の動向を推測することができる（図5.1）。

V.2 自治体が支援するコージェネ導入補助制度

都道府県や政令指定都市等が支援する産業用、業務用分野のコージェネ導入に係る補助制度を表5.2に取りまとめる。自治体の補助制度は国の財源と異なるため、国の補助制度と併用できるものがある。

V.3 助成制度
V.3.1 税制上の優遇措置

設備導入することで設備に対して固定資産税などが発生するが、国や地方自治体の制度に固定資産税の減免措置などの税制上の優遇措置がある。また、補助事業の公募要件にもよるが、多くの補助金と税制上の優遇措置は併用することが可能である。2017年度時点で

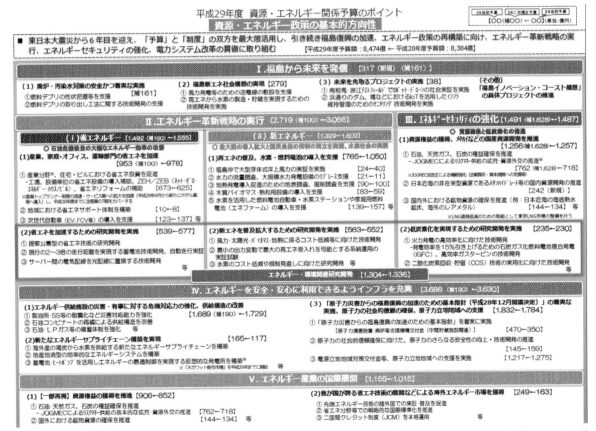

出典：経済産業省HP；http://www.meti.go.jp/main/yosan/yosan_fy2017/pdf/energy1.pdf

図5.1 経済産業省の平成29年度資源・エネルギー関係予算のポイント（例）

表5.1 2017年度コージェネ導入関連補助金（国）

所管省庁		補助事業名		執行団体	補助概要 [事業費に対する補助率（上限額）等]	対象分野		予算額
						業務用 産業用	家庭用	
経済産業省	1	省エネルギー投資促進に向けた支援補助金	エネルギー使用合理化等事業者支援事業（省エネ補助金）	環境共創イニシアチブ (SII)	・工場・事業場単位：1/3、1/2以内 （上限 15億円/年、下限 100万円/年） ・設備単位：1/3以内 （上限 3,000万円、下限 30〜50万円）	○	×	234億円
	2		ネット・ゼロ・エネルギー・ハウス(ZEH) の導入支援		・定額 75万円/戸 （地域、建物規模によらず一律）	×	○	9,700件程度
	3		ネット・ゼロ・エネルギー・ビル(ZEB) の実証支援		・2/3以内 （上限 5億円/年）	○	×	23億円
	4	燃料電池の利用拡大に向けたエネファーム等導入支援事業費補助金	家庭用燃料電池システム導入支援事業	燃料電池普及促進協会 (FCA)	・PEFC：11万円/台以内、 SOFC：16万円/台以内 ・既築住宅、LPガス対応等で 各3万円を加算	×	○	87.1億円
	5		業務・産業用燃料電池システム導入支援事業		・1/3以内 （上限 45万円/kW、かつ 8,335万円/ユニット）	○	×	
	6	地域の特性を活かしたエネルギーの地産地消促進事業費補助金	分散型エネルギーシステム構築支援事業	低炭素投資促進機構	①構想普及支援：3/4以内 （上限 740万円、2,000万円） ②エネルギーシステム構築：1/3、1/2、2/3 以内 （上限 3億円）	○	×	33.3億円
	7		再生可能エネルギー熱事業者支援事業	環境共創イニシアチブ (SII)	・1/3以内 （上限 1億円） ・2/3以内 （上限 3億円）	○	×	13.5億円
	8	天然ガスの環境調和等に資する利用促進事業費補助金	災害時にも利用可能な天然ガス利用設備	都市ガス振興センター	・1/3以内 （上限 1.7億円）	○	×	8億円
環境省	9	再生可能エネルギー電気・熱自立的普及促進事業（経済産業省連携）		日本環境協会	・定額、1/3、1/2、2/3 以内	○	×	80.0億円
	10	業務用施設等における省CO₂促進事業	テナントビルの省CO₂促進事業 （国交省連携）	静岡県環境資源協会	・1/2以内 （上限 5,000万円）	○	×	50.0億円 の内数
	11		ZEB実現に向けた先進的省エネルギー建築物実証事業（経産省連携）		・2/3以内 （上限 3億円）	○	×	
	12		既存建築物等の省CO₂改修支援事業（厚労省、農水省、国交省連携）		・中小規模老人福祉施設： 1/3以内 （上限2,000万円） ・地方公共団体施設（バルクリース）一括改修： 1/3以内 （上限 8,000万円）	○	×	
	13	先進対策の効率的実施によるCO₂排出量大幅削減事業（ASSET事業）		温室効果ガス審査協会	・1/3、1/2以内 （上限 1.5億円）	○	×	35.0億円
	14	賃貸住宅における省CO₂促進モデル事業（国土交通省連携）		低炭素社会創出促進協会	住宅省エネ基準比で、CO₂排出量が ・20%以上削減：1/2以内 （上限 60万円/戸） ・10%以上削減：1/3以内 （上限 30万円/戸）	×	○	35.0億円
	15	地方公共団体カーボン・マネジメント強化事業		環境イノベーション情報機構	・1/3、1/2、2/3 以内	○	×	32.0億円
	16	公共施設等先進的CO₂排出削減対策モデル事業		環境技術普及促進協会	・2/3以内	○	×	26.0億円
	17	廃熱・湧水等の未利用資源の効率的活用による低炭素社会システム整備推進事業		温室効果ガス審査協会	・1/2、2/3以内	○	×	22.0億円
	18	低炭素型廃棄物処理支援事業		廃棄物・3R研究財団	①計画策定：2/3以内 ②高効率熱回収設備など：1/3以内 ③省エネ化など：1/3以内	○	×	20.0億円
国土交通省	19	環境・ストック活用推進事業	サステナブル建築物等先導事業	建築研究所 (評価事務局)	・1/2 等 （上限 総事業費の5% または10億円のうち少ない額等）	○	×	103.5億円 の内数
	20		既存建築物省エネ化推進事業		・1/3 等 （上限 5,000万円、 ただし設備に要する費用は 2,500万円等）	○	×	
	21	国際競争業務継続地区（BCD）整備緊急促進事業		市街地調整課	都市再生安全確保計画に位置付けられること ・整備計画事業調査：1/2以内 ・エネルギー導管等整備事業：2/5以内	○	×	82.6億円 の内数
農林水産省	22	地域バイオマス利活用施設整備事業		食料産業局	バイオマス産業都市選定地域が対象 ・1/2、1/3以内	○	×	4.4億円

V 助成制度と補助事業

表5.2　2017年度コージェネ導入関連補助金（自治体）

都道府県指令指定都市		補助事業名	所管／執行団体	補助概要 ［事業費等に対する補助率（上限額）等］	予算額
北海道	1	エネルギー地産地消事業化モデル支援事業	環境・エネルギー室	・定額、最長5か年 （事業全体の限度額： 事業計画年度数×1億円）	4億円
	2	新エネルギー導入支援事業	環境・エネルギー室	・設計： 1/2以内 （上限 500万円） ・設備導入： 1/2以内 （上限 1,500万円）	1.6億円
札幌市	3	札幌エネルギーecoプロジェクト （中小企業者等向け 　次世代エネルギーシステム導入補助）	エコエネルギー普及推進課	・1/10以内 （上限 150万円）	4,500万円
宮城県	4	新エネルギー設備導入支援事業補助	環境政策課	・1/2以内 （上限 2,000万円）	1億円
	5	クリーンエネルギーみやぎ創造チャレンジ事業補助	環境政策課	・1/2以内 （上限 複数年度総額 1,500万円）	1,250万円
仙台市	6	Let's 熱活！補助 （熱エネルギー有効活用支援補助）	環境企画課	・1/10 以内（上限 100万円） ・家庭用も対象であり、予算額は家庭用含む総額	3,400万円
	7	民間防災拠点施設への 再生可能エネルギー等導入補助	防災環境都市推進室	・1/2以内 （上限 1,000万円）	3,000万円
福島県	8	地域参入型再生可能エネルギー導入事業 （設備導入事業）補助	エネルギー課	・1/3以内 （上限 3,000万円）	1.5億円
新潟県	9	地域再生可能エネルギー面的活用促進事業補助金	新エネルギー資源開発室	・計画策定が対象 1/2以内 （上限 250万円）	500万円
栃木県	10	低炭素社会づくり促進事業費補助 （中小企業者向け）	地球温暖化対策課	・1/3以内 （上限 100万円）	2,000万円
埼玉県	11	事業者向けCO2排出削減設備導入補助 （中小規模事業所向け）	温暖化対策課	・省エネ設備導入：1/3以内 （上限 500万円） ・ESCO事業に基づく設備改修： 　1/4以内 （上限 1,000万円）	1.2億円
	12	分散型エネルギー利活用設備整備費補助	エコタウン環境課	・コージェネレーション設備： 　国補助併用時：1/6以内、県補助単独時：1/2以内 　（共に発電能力に応じた上限あり） ・業務・産業用燃料電池（100ｋW以上）：1/6以内（上限 5,000万円）	コージェネ： 2,500万円 燃料電池： 5,000万円
東京都	13	スマートエネルギーエリア形成推進事業	東京都環境公社	・コージェネのみ設置： 　1/4以内 （上限 1億円、国補助金併用時 0.67億円） ・加えて、熱電融通インフラと新たに接続： 　1/2以内 （上限 4億円、国補助金併用時 1.33億円） ・熱電融通インフラ： 　1/2以内 （上限 1億円、国補助金併用時 0.33億円）	55億円 (2015～2019 年度)
	14	水素を活用したスマートエネルギーエリア 形成推進事業	東京都環境公社	・業務・産業用燃料電池：2/3以内 　（上限 5kW超 3.33億円、1.5～5kW 1,300万円） ・熱電融通インフラ：1/2以内 　（上限 1億円、国補助金併用時 0.33億円）	11億円
	15	中小事業所（民間の医療・福祉施設・公衆浴場） 向け熱電エネルギーマネジメント支援事業	東京都環境公社	・1/2以内 （上限 1億円）	30億円 (2014～2018 年度)
	16	地産地消型再生可能エネルギー導入拡大事業	東京都環境公社	・1/3以内 （上限 5,000万円）	24億円
神奈川県	17	分散型エネルギーシステム導入事業	エネルギー課	・1/3 以内 （上限 3,000万円）	3,000万円
川崎市	18	市内事業者エコ化支援事業	地球環境推進室	・1/4以内 （上限 200万円）	1,440万円
横浜市	19	自立分散型エネルギー設備設置費補助	環境エネルギー課	・業務用燃料電池システム：1/4以内 　（上限 定格出力(kW)×10万円）	業務用FC枠 300万円
相模原市	20	中小規模事業者省エネルギー設備等 導入支援補助	環境政策課	・1/3以内 （上限 75万円）	1,125万円
三重県	21	四日市コンビナートBCP強化緊急対策事業費補助	エネルギー政策・ ICT活用課	・防災備品増強（非常用発電機）： 　1/3以内 （上限 1,000万円）	5,000万円
四日市市	22	中小企業省エネルギー設備更新等事業費補助	環境部環境保全課	・1/3以内 （上限 300万円）	4,300万円
滋賀県	23	分散型エネルギーシステム導入加速化事業補助	エネルギー政策課	・1/3以内 （上限 50万円～200万円） ・福祉施設等： 1/2 以内 （上限 75万円～300万円）	1,950万円
	24	省エネ設備導入加速化事業補助	エネルギー政策課	・1/3以内 （上限 100万円）	3,200万円

つづく

つづき

都道府県指令指定都市			補助事業名	所管／執行団体	補助概要 ［事業費等に対する補助率（上限額）］等	予算額
奈良県		25	事業所省エネ推進事業補助	エネルギー政策課	・事業所全体で15%以上の使用エネルギー量の削減が見込めること ・高効率エネルギー設備導入： 1/3 （上限 200万円）	2,300万円
		26	事業所再生可能エネルギー等熱利用促進事業補助	エネルギー政策課	・1/3以内　（上限 100万円）	150万円
大阪府	堺市	27	スマートファクトリー・スマートオフィス導入支援	環境エネルギー課	・1/3以内　（上限 100万円 もしくは 200万円） 　ただし、業務用燃料電池は 1/2以内	2,500万円 (15件程度)
兵庫県	尼崎市	28	業務・産業用燃料電池導入補助事業	環境創造課	・国補助金と同額　（上限 150万円）	450万円
岡山県	岡山市	29	事業所用スマートエネルギー導入促進補助事業	地球温暖化対策室	・1/3以内　（上限 150万円）	7,800万円
島根県		30	再生可能エネルギー導入計画策定・事業化支援事業	地域政策課	・導入計画策定・調査検討（県内市町村による実施に限る） 　1/2以内　（上限 500万円）	3,450万円
香川県		31	中小企業等エネルギー使用合理化設備等導入支援事業	産業政策課	・A類型：県内に本社を置く企業が開発・生産した省エネ設備等 ＞ 　2/3以内　（定額 200万円） ・B類型：県内に事業所を有する企業が施工する省エネ設備等 ＞ 　1/3以内　（定額 100万円）	4,000万円
福岡県		32	エネルギー利用モデル構築促進事業費補助	エネルギー政策室	・定額　（上限 500万円）	1,800万円
	北九州市	33	次世代エネルギー設備導入促進事業	地域エネルギー推進課	・1/3以内　（上限 300万円）	1.0億円

適用可能なコージェネに係る税制上の優遇措置を紹介する（表5.3）。

V.3.2　金融上の優遇措置

（1）省エネルギー設備投資に係る利子補給金助成事業費補助金

利子補給金助成事業は新設・既設事業所への省エネ設備の導入によって、エネルギー消費原単位改善を行う事業を対象に民間金融機関等から融資を受ける事業者に対し、利子補給を行うものである（図5.2）。

（2）家庭・事業者向けエコリース促進事業

家庭、業務、運輸部門を中心とした地球温暖化対策を目的として、一定の基準を満たす、再生可能エネルギー設備や産業用機械、業務用設備等の幅広い分野の低炭素機器をリースで導入した際、リース料総額の2～5%を補助する支援制度がある（図5.3）。なお、東北三県（岩手県、宮城県、福島県）及び熊本県における補助率は10%になる。

表5.3　2017年度コージェネ導入関連優遇税制

所管官庁		税制名	証明団体	概要	対象分野 業務用産業用	対象分野 家庭用	設備取得期間
経済産業省	①	コージェネレーションに係る課税標準の特例措置（固定資産税）	コージェネ財団	・コージェネレーション設備に係る固定資産税について、課税標準を最初の3年間、課税標準となるべき価格の5/6に軽減 ※発電出力10kW未満の設備は対象外 ※国や地方公共団体等の補助金および③との併用可 ※②との併用不可	○	×	2017.4.1～ 2019.3.31
	②	中小企業の生産性向上のための固定資産税の特例	コージェネ財団 ・その他機器： 　各工業団体	・固定資産税の課税標準を3年間、1/2に軽減 ※本店、一戸建以外に設置するエネファームは対象 ※国や地方公共団体等の補助金および③との併用可 ※①との併用不可 ※証明書1枚で②中小企業の生産性向上のための固定資産税の特例および③中小企業経営強化税制の両方を兼ねることが可能（税申告時はコピー可）			
	③	中小企業経営強化税制		・即時償却又は7％税額控除 （資本金3千万以下もしくは個人事業主は10％税額控除） ※本店、一戸建以外に設置するエネファームは対象 ※国や地方公共団体等の補助金および①or②との併用可 ※証明書1枚で②中小企業の生産性向上のための固定資産税の特例および③中小企業経営強化税制の両方を兼ねることが可能（税申告時はコピー可）			

V　助成制度と補助事業

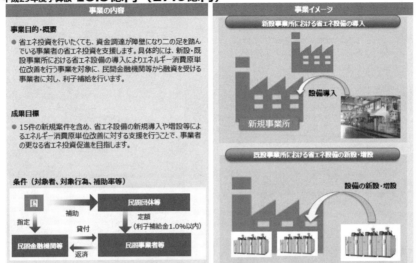

出典：経済産業省HP
http://www.meti.go.jp/main/yosan/yosan_fy2017/pr/energy/e_enecho_e_20.pdf

図5.2　省エネルギー設備投資に係る利子補給金助成事業費補助金

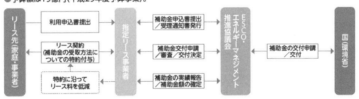

出典：一般社団法人　ESCO・エネルギーマネジメント推進協議会HP
http://www.jaesco.or.jp/ecolease-promotion/

図5.3　エコリース制度の仕組み

V.3.3　技術開発支援

第4次エネルギー基本計画（2014年4月閣議決定）で業種横断的に大幅な省エネルギーを実現する革新的な技術開発を促進していることから、国立研究開発法人新エネルギー・産業技術総合開発機構（NEDO）が執行団体の役割を担い、企業等の技術開発支援を行っている。以下に事業概要を紹介する（図5.4）。

V.3.4　都市計画における支援策

近年、都市開発に合わせて、自営線、熱導管を敷設し、コージェネの電力・熱を面的に利用し、地域の防災性向上等に取り組む事例がある。このような取り組みに対して、公的支援があるので、都市再生制度に関する基本的な枠組みと支援策を紹介する。

V.3.4.1　都市再生制度に関する基本的な枠組み

図5.5に内閣府の都市再生制度に関する資料を示す。

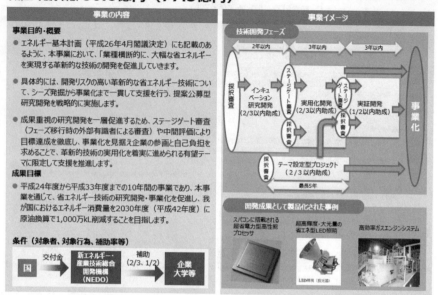

出典：経済産業省HP
http://www.meti.go.jp/main/yosan/yosan_fy2017/pr/energy/e_enecho_e_16.pdf

図5.4　技術開発支援（例）

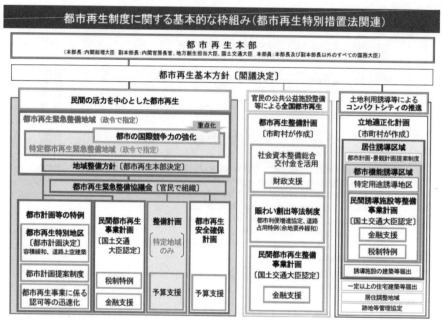

出典：首相官邸HP(内閣府　地方創生推進事務局)
https://www.kantei.go.jp/jp/singi/tiiki/toshisaisei/pdf/290802_kihonnhousinn.pdf

図5.5　都市再生制度

　環境、防災、国際化等の観点から都市の再生を目指す21世紀型都市再生プロジェクトの推進や土地の有効利用等、都市の再生に関する施策を総合的かつ強力に推進するため、2001年、閣議決定により内閣に都市再生本部が設置された。その後、2002年に都市再生特別措置法が制定され、都市再生本部が以下の事務をつかさどる。

①都市再生基本方針の案の作成
②都市再生基本方針の推進
③都市再生緊急整備地域を指定する政令及び特定都市再生緊急整備地域を指定する政令の制定及び改廃の立案
④都市再生緊急整備地域ごとに、地域整備方針を作成し、その実施を推進
⑤都市の再生に関する施策で重要なものの企画及び立案並びに総合調整

＜都市再生安全確保計画の作成に関する法改正1＞

東日本大震災の教訓を踏まえ、都市再生特別措置法の一部を改正する法律が2012年3月に成立、7月に施行されました。この法改正によって、大規模な地震が発生した場合における都市再生緊急整備地域内の滞在者等の安全の確保を図るため、都市再生緊急整備協議会による都市再生安全確保計画の作成、都市再生安全確保施設に関する協定制度の創設等の所要の措置を講ずることができることが定められている。都市再生安全確保計画の記載事項は、第19条の13第2項各号に掲げる事項に即し、大規模な地震が発生した場合の滞在者等の安全の確保を図るために必要な退避経路、退避施設、備蓄倉庫等の施設の整備に関する事業等を記載することになっている。

＜立地適正化計画の作成に関する法改正＞

我が国の地方都市では拡散した市街地で急激な人口減少が見込まれる一方、大都市では高齢者の急増が見込まれるその中で、健康で快適な生活や持続可能な都市経営の確保が重要な課題となっている。この課題に対応するためには、都市全体の構造を見渡しながら、住宅及び医療、福祉、商業その他の居住に関連する施設の誘導と、それと連携した公共交通に関する施策を講じることにより、市町村によるコンパクトなまちづくりを支援することが必要となった。そのため、都市再生特別措置法の一部を改正する法律が2014年6月に成立、8月に施行された。

この法改正によって、市町村は、都市再生基本方針に基づき、住宅及び都市機能増進施設（医療施設、福祉施設、商業施設その他の都市の居住者の共同の福祉又は利便のため必要な施設であって、都市機能の増進に著しく寄与するもの）の立地の適正化を図るため、独自の立地適正化計画を作成できるようになった。

＜都市再生安全確保計画の作成に関する法改正2＞

我が国の国土強靱化を図る上で、都市機能が集積し国際競争力を強化すべきエリアにおいて、大規模地震発生時でも業務機能、行政機能等の継続に必要なエネルギーを供給していくことが必要であることから、都市再生特別措置法の一部を改正する法律が2016年6月に成立、9月に施行されました。この法律改正によって、都市の国際競争力及び防災機能を強化するとともに地域の実情に応じた市街地の整備を推進するため、非常用の電気又は熱の供給施設に関する協定制度の創設等の所要の措置を講ずることができるようになった。

(1) 都市再生基本方針

都市の魅力と国際競争力を高め、都市再生を実現するためには、公共だけでなく民間など関係者が総力を傾注することが重要であり、政府が都市再生の共通指針として都市再生基本方針を定めている。また、都市再生の施策を進めるにあたって、以下に掲げる施策を重点分野としてとらえ、「都市機能の高度化」と「都市の居住環境の向上」に向けて、関係省庁の施策を、施設整備だけでなく規制改革など必要な制度改善を含め、総合的に推進している。

①活力ある都市活動の確保
②多様で活発な交流と経済活動の実現
③災害に強い都市構造の形成
④持続発展可能な社会の構築
⑤誰でも能力を発揮できる安心で快適な都市生活の実現
　※具体的な施策例は都市再生基本方針の別添1参照

(2) 地域整備方針

地域整備方針は、社会経済情勢の動向や既存の都市機能の集積状態、土地利用の転換の動向等の観点を踏まえ、以下を定めたものである。

①当該地域の整備の目標
②当該地域において都市開発事業を通じて増進すべき都市機能に関する事項
③当該地域における都市開発事業の施行に関連して必要となる公共施設その他の公益的施設の整備に関する基本的な事項
④その他当該地域における緊急かつ重点的な市街地の整備の推進に関し必要な事項

これにより、関係府省や地方公共団体、事業実施の意欲を有する民間事業者に対し、国として、当該地域についてどのような都市の再生を実現していくのかという目標や、そのためにはどのような都市機能の集積を求めているのかを示し、整合性のある取組みの集中的な実施を推進することができると同時に、本方針に適合することが、法第21条に規定される民間都市再生事業計画(V.3.4.2 (2)②)の認定要件とされている。

(3) 都市再生緊急整備協議会

都市再生緊急整備地域の整備にあたって、関係省庁、地方公共団体及びその他の関係者の意見調整が不可欠な場合、国の関係行政機関の長のうち本部長及びその委嘱を受けたもの並びに関係地方公共団体の長は都市再生緊急整備協議会を組織し、透明な手続きの中で時間を限って関係者間で調整を行い、迅速にその解決を図る。

なお、都市再生緊急整備地域の指定をするまでの都市開発事業の熟度や関連する公共公益施設の計画の具体性など条件整備が整わない場合には、都市再生本部

において、都市再生緊急整備地域の指定に準じた手続きにより「都市再生予定地域」を設定し、この枠組みの中で、関係者が意見調整を行い、条件整備を迅速に進めるものとする。

V.3.4.2 民間の活力を中心とした都市再生

(1) 都市再生緊急整備地域・特定都市再生緊急整備地域とは

都市再生緊急整備地域は、都市再生の拠点として、都市開発事業等を通じて緊急かつ重点的に市街地の整備を推進すべき地域として、政令で指定する地域であり、2017（平成29）年8月2日時点で53地域が指定されている。また、特定都市再生緊急整備地域は、都市再生緊急整備地域の内から、都市の国際競争力の強化を図る上で特に有効な地域として政令で指定する地域であり、2017（平成29）年8月2日時点で13地域が指定されている（図5.6）。

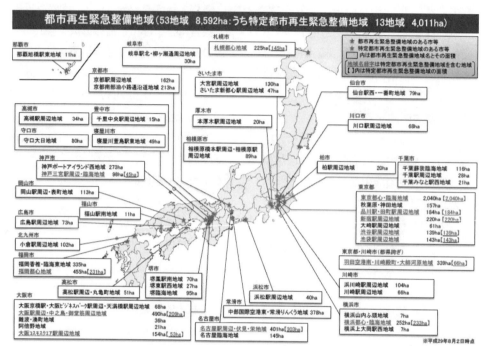

出典：首相官邸HP(内閣府　地方創生推進事務局)
https://www.kantei.go.jp/jp/singi/tiiki/toshisaisei/pdf/h290802ichiranmap.pdf

図5.6　都市再生緊急整備地域

出典：国交省HP; http://www.mlit.go.jp/common/001153225.pdf

図5.7　都市再生緊急整備地域における施策

Ⅴ　助成制度と補助事業

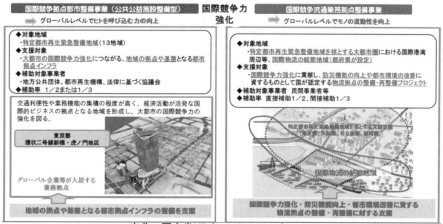

出典：国交省HP; http://www.mlit.go.jp/common/001153222.pdf

図5.8　国際競争拠点都市整備事業

(2) 都市再生緊急整備地域・特定都市再生緊急整備地域における施策

　都市再生緊急整備地域において、土地利用規制の緩和、都市計画の提案、事業認可等の手続期間の短縮、民間プロジェクトに対する金融支援や税制措置を受けるための国土交通大臣の認定等の特別措置を受けることが出来る。また、都市再生本部が定める地域整備方針等に従って、関係省庁及び地方公共団体が、市街地の整備のための施策を強力に推進する（図5.7）。

　特定都市再生緊急整備地域において、「都市再生緊急整備地域」における支援措置に加え、下水の未利用エネルギーを民間利用するための規制緩和、より充実した税制支援などにより民間都市開発の支援が行われる。また、地域の拠点や基盤となる都市拠点インフラの整備を重点的かつ集中的に支援する補助制度として国際競争拠点都市整備事業等を創設している（図5.8）。

①都市計画等の特例

　都市再生緊急整備地域のうち、都市の再生に貢献し、土地の合理的かつ健全な高度利用を図る特別の用途、容積、高さ、配列等の建築物の建築を誘導する必要があると認められる区域として、都市計画に定められるものを都市再生特別地区という。都市再生特別地区では、表5.4の建築制限の緩和が適用される。

②民間都市再生事業計画

　都市再生緊急整備地域内で、国土交通大臣認定を受けた民間都市再生事業に対して、金融支援及び税制支援を行います。民間都市再生事業計画は事業認定ガイドライン[※1]に沿って事業計画を国土交通大臣に提出す

表5.4　都市再生特別地区の規制緩和

建築制限の種類	都市再生特別地区における扱い
用途規制（建築基準法第48条）	都市再生特別地区の都市計画で定める誘導すべき用途については適用除外
特別用途地区内の用途規制（建築基準法第49条）	
容積率制限（建築基準法第52条）	都市再生特別地区の都市計画で定める数値を適用 （なお、建ぺい率については、用途地域の都市計画で定める数値の緩和はできない）
建ぺい率制限（建築基準法第53条）	
斜線制限（建築基準法第56条）	適用除外 （都市再生特別地区の都市計画で定める制限を適用）
高度地区内の高さ制限（建築基準法第58条）	
日影規制（建築基準法第56条の2）	適用除外（ただし、日影規制の対象区域内に日影を生じさせる建築物については適用除外）

出典：国土交通省HP; http://www.mlit.go.jp/toshi/crd_machi_tk_000009.html

コージェネレーション導入関連法規参考書2018　**113**

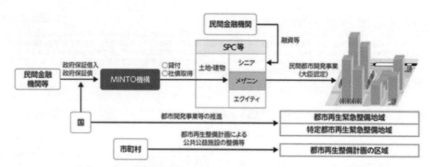

出典：MINTO機構HP; http://www.minto.or.jp/products/mezzanine.html

図5.9　都市再生事業の金融支援

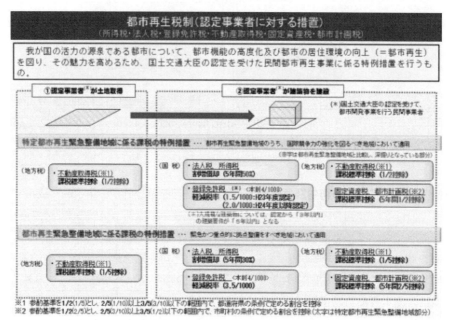

出典：国土交通省HP; http://www.mlit.go.jp/toshi/crd_machi_tk_000040.html

図5.10　都市再生事業の税制支援

る必要がある。また、2017年8月18日時点で108の民間都市再生事業計画が認定されている。

※1：事業認定ガイドライン
　　URL：http://www.mlit.go.jp/common/000993658.pdf

[1]民間都市開発推進機構による金融支援（図5.9）

　メザニン支援

　メザニン：中2階の意味で、金融機関が従来より主に取り組んできたシニアファイナンス(シニアローン等)よりも返済順位が低く(リスクが高く)、事業者等によって提供させるエクイティとの間に位置するファイナンスのこと。

[2]税制の特例（図5.10）

- 認定事業者による事業用地取得に係る課税の特例（不動産取得税）
- 認定事業者の建築物等の整備に係る課税の特例（所得税・法人税・登録免許税・不動産取得税・固定資産税・都市計画税）
- 従前地権者から認定事業者への事業用地譲渡に係る

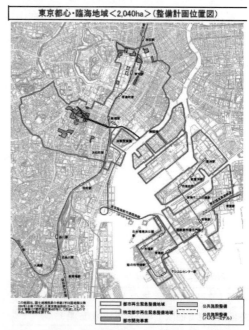

出典：東京都都市整備局HP（整備計画　東京都の例）
http://www.toshiseibi.metro.tokyo.jp/seisaku/toshisaisei/toshisaisei_keikaku.html

図5.11　東京都の整備計画例

課税の特例（所得税・法人税等）
③整備計画
　特定都市再生緊急整備地域において、官民による協議会を設置し、地域整備方針に基づき、都市の国際競争力の強化を図るために必要な都市開発事業及びその施行に関連して必要となる公共公益施設の整備等に関する計画を作成している。また、2017年8月2日時点で10地域14の整備計画が認定されている。図5.11に東京都の例を示す。
④都市再生安全確保計画
　都市再生安全確保計画は、都市再生特別措置法に基づき、都市再生緊急整備地域において、大規模地震発生時における滞在者等の安全の確保を図るために作成できるものである。また、エリア防災計画は、都市再生緊急整備地域に指定されていない1日あたりの乗降客数が30万人以上の主要駅周辺等において、都市再生安全確保計画に準じて作成できるものである。2017年9月1日時点で17の都市再生安全確保計画と11のエリア防災計画が作成済であり、引き続き4つの都市再生安全確保計画、3つのエリア防災計画が作成中である。
　都市再生安全確保計画に係る特例措置として、建築確認等の行政手続きの認定の手続き一本化、備蓄設備等の容積率不算入に加え、非常用電気等供給施設の整備等に関する予算支援が設けられている。この中で、非常時のエネルギー供給設備としてコージェネは自立・分散型かつ高効率なエネルギーシステムとしての役割が期待される（図5.12）。
　なお、「非常用電気等供給施設協定制度の創設」では市町村長の認可により承継効※2を付与することで、長期的かつ安定的な利用関係を築くことができるようになった。なお、非常用電気等供給施設は、大規模な地震発生時において適切に稼働することが求められるが、平常時における利用も可能である（図5.13、図5.14）。

※2：売買等により土地所有者等が代わっても、新しい土地所有者等に対して協定の内容が及ぶ効力のこと。

V.3.4.3　官民の公共公益施設整備等による全国都市再生

(1) 都市再生整備計画の概要

　市町村は、都市再生基本方針等に即して、都市の再生に必要な公共公益施設の整備等に関する計画（都市再生整備計画）を作成することができる。都市再生整備計画では、市町村が都市の再生に関する事業等を重点的に実施するべき区域において定めることとなる。
　計画策定において、以下①～⑤の項目を盛り込む必要があるとともに、⑥の項目を記載するよう努める必要がある。
①都市再生整備計画の区域及びその面積
②①の区域内における都市の再生に必要な事業に関する事項
③②の事業と一体となってその効果を増大させるため

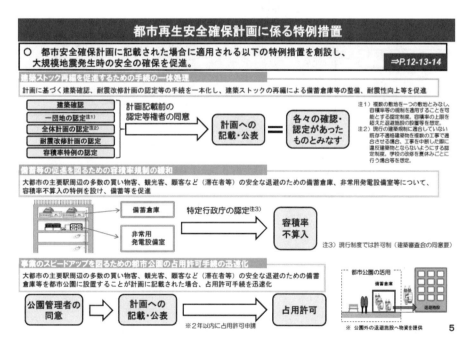

出典：首相官邸HP(内閣府　地方創生推進事務局)：都市再生安全確保計画の概要
https://www.kantei.go.jp/jp/singi/tiiki/toshisaisei/yuushikisya/anzenkakuho/pdf/h29_09gaiyou.pdf
図5.12　都市再生安全確保計画に係る特例措置

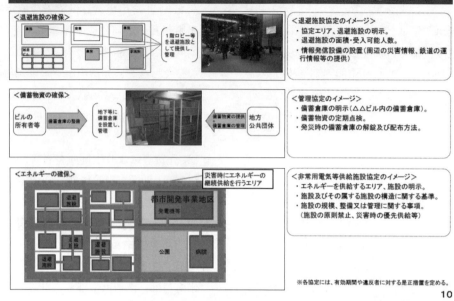

図5.13　都市再生安全確保施設の適切な管理のための協定制度

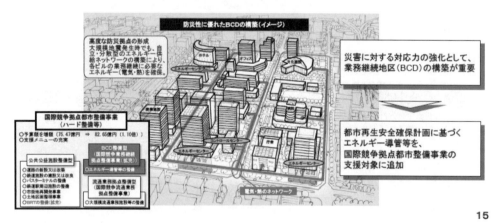

図5.14　国際競争業務継続拠点整備事業

に必要な事務又は事業に関する事項
④②、③の事業により整備された公共公益施設の適切な管理のために必要な事項
⑤計画期間
⑥都市の再生に必要な公共公益施設の整備等に関する方針

都市再生整備計画区域における主な支援施策は以下のとおりである。

①社会資本整備総合交付金（都市再生整備計画事業：旧まちづくり交付金）の活用
②都市再生機構による都市再生整備計画の作成及び都市再生整備計画に基づく事業の促進を図るために必要なコーディネート支援
③民間都市再生整備事業に対する民間都市開発推進機

V　助成制度と補助事業

構による金融支援

　国は市町村が作成した都市再生整備計画が都市再生基本方針に適合している場合、社会資本整備総合交付金を年度ごとに地区単位で一括交付する。都市再生整備計画の対象となる地域や都市の規模等についての制約はなく、全国の市町村で活用可能であり、特に民間活力の乏しい地方の中小都市において有効に活用されるものと期待される。また、都市再生整備計画区域内において実施される一定の民間都市開発事業に対しては、国土交通大臣の認定を通じて民間都市開発推進機構の金融支援を受けることが可能となる。

①社会資本整備総合交付金（都市再生整備計画事業：旧まちづくり交付金）

　市町村が都市再生整備計画を作成し、都市再生整備

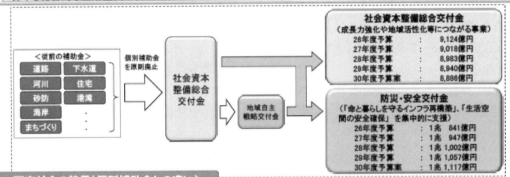

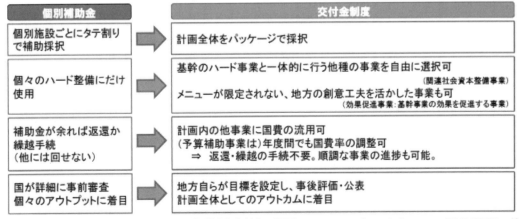

図5.15　社会資本整備総合交付金

計画に基づき実施される事業等の費用を社会資本整備総合交付金から充当することができる（図5.15）。なお、まちづくり交付金は2010年度より社会資本整備総合交付金に統合され、同交付金の基幹事業である「都市再生整備計画事業」として位置づけられている。また、2012年度より、政令指定都市の一部事業が地域自主戦略交付金へ移行している。

②民間都市再生整備事業に係る支援措置

市町村が作成する都市再生整備計画の区域内で、都市再生整備計画に記載された事業と一体的に施行され、国土交通大臣認定を受けた民間都市開発事業に対して、金融支援を行う。なお、都道府県が作成する広域的地域活性化基盤整備計画の重点区域における民間拠点施設整備事業及び民間誘導施設等整備事業も金融支援の対象（民間誘導施設等整備事業はまち再生出資業務のみ）となる。

2017年9月19日時点で、42の民間都市再生整備事業計画、3の民間拠点施設整備事業計画、1の民間誘導施設等整備事業計画が認定されている。

[1]民間都市開発推進機構による金融支援
・メザニン支援（図5.16）
・出資による支援(まち再生出資業務)（図5.17）

V.3.4.4　土地利用誘導等によるコンパクトシティの推進

(1)立地適正化計画の概要

立地適正化計画は、市町村が都市全体の観点から作成する、居住機能や福祉・医療・商業等の都市機能の立地、公共交通の充実等に関する包括的なマスタープランで、以下の区域に分けて都市機能誘導や居住機能の誘導を行うものである（図5.18、図5.19）。

①居住誘導区域は、人口減少の中にあっても、一定のエリアにおいて人口密度を維持することにより、生活サービスやコミュニティが持続的に確保されるように居住を誘導すべき区域である。

②都市機能誘導区域は、医療・福祉・商業等の都市機能を都市の中心拠点や生活拠点に誘導し集約するこ

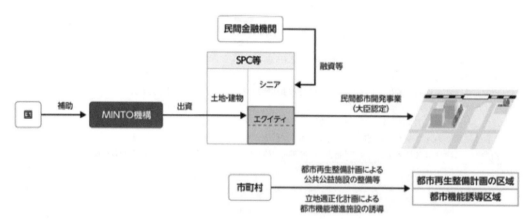

出典：MINTO機構HP; まち再生出資業務の概要 http://www.minto.or.jp/products/regenerate.html

図5.16　メザニン支援

■特色

- 一律に出資形態が固定されていないため、事業者は資金ニーズに応じた個別・柔軟な出資(株式の取得、特定目的会社の優先出資証券の取得、匿名組合出資 等)が受けられます。
- 事業全体のリスクが縮減されることが呼び水となり、民間金融機関の融資等の資金が調達しやすくなります。（下図をご参照ください。）

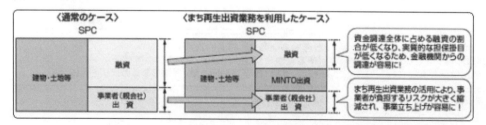

出典：MINTO機構HP; まち再生出資業務を利用したときの特色
http://www.minto.or.jp/products/regenerate.html

図5.17　まち再生出資業務

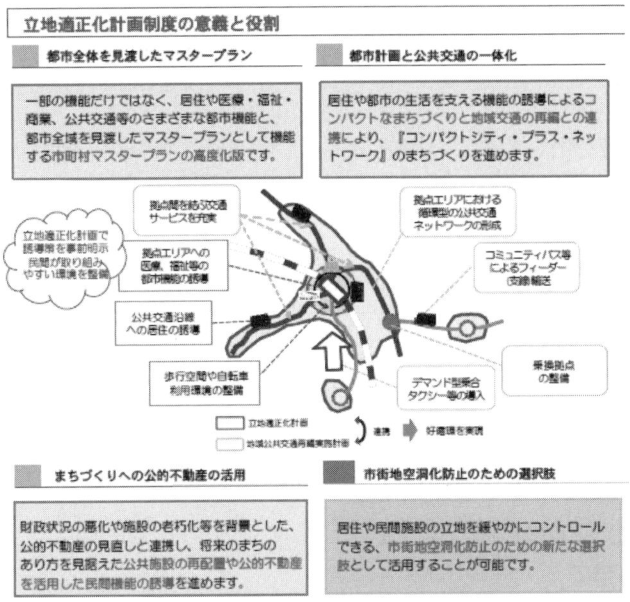
立地適正化計画制度の意義と役割
都市全体を見渡したマスタープラン
一部の機能だけではなく、居住や医療・福祉・商業、公共交通等のさまざまな都市機能と、都市全域を見渡したマスタープランとして機能する市町村マスタープランの高度化版です。
都市計画と公共交通の一体化
居住や都市の生活を支える機能の誘導によるコンパクトなまちづくりと地域交通の再編との連携により、『コンパクトシティ・プラス・ネットワーク』のまちづくりを進めます。
立地適正化計画で誘導策を事前明示 民間が取り組みやすい環境を整備
拠点間を結ぶ交通サービスを充実
拠点エリアへの医療、福祉等の都市機能の誘導
公共交通沿線への居住の誘導
歩行空間や自転車利用環境の整備
拠点エリアにおける循環型の公共交通ネットワークの形成
コミュニティバス等によるフィーダー（支線）輸送
乗換拠点の整備
デマンド型乗合タクシー等の導入
立地適正化計画
地域公共交通再編実施計画
連携
好循環を実現
まちづくりへの公的不動産の活用
財政状況の悪化や施設の老朽化等を背景とした、公的不動産の見直しと連携し、将来のまちのあり方を見据えた公共施設の再配置や公的不動産を活用した民間機能の誘導を進めます。
市街地空洞化防止のための選択肢
居住や民間施設の立地を緩やかにコントロールできる、市街地空洞化防止のための新たな選択肢として活用することが可能です。

※公的不動産(PRE)：市町村が所有する公共施設や公有地等

出典：国土交通省HP; 立地適正化計画概要パンフレットより
http://www.mlit.go.jp/common/001171816.pdf

図5.18　立地適正化計画制度の意義と役割

立地適正化計画の区域等

立地適正化計画には、区域を記載する他、基本的な方針、その他必要な事項を記載するものとします。

【区域】（必須事項）
・立地適正化計画の区域は、都市計画区域内でなければならず、都市計画区域全体とすることが基本となります。
・また、立地適正化計画区域内に、居住誘導区域と都市機能誘導区域の双方を定めると共に、居住誘導区域の中に都市機能誘導区域を定めることが必要です。
【基本的な方針】（必須事項）
・計画により実現を目指すべき将来の都市像を示すとともに、計画の総合的な達成状況を的確に把握できるよう、定量的な目標を設定することが望ましいです。

都市機能誘導区域

○区域の設定（必須事項）
・都市機能誘導区域は、医療・福祉・商業等の都市機能を都市の中心拠点や生活拠点に誘導し集約することにより、これらの各種サービスの効率的な提供を図る区域です。
○誘導施設（必須事項）
・誘導施設とは、都市機能誘導区域ごとに、立地を誘導すべき都市機能増進施設※です。
※居住者の共同の福祉や利便性の向上を図るために必要な施設であって、都市機能の増進に著しく寄与するもの。

居住誘導区域

○区域の設定（必須事項）
・居住誘導区域は、人口減少の中にあっても一定エリアにおいて人口密度を維持することにより、生活サービスやコミュニティが持続的に確保されるよう、居住を誘導すべき区域です。

跡地等管理区域

○区域の設定（任意事項）
・空き地が増加しつつあるが、相当数の住宅が存在する既存集落や住宅団地等において、跡地等の適正な管理を必要とする区域です。

駐車場配置適正化区域

○区域の設定（任意事項）
・歩行者の移動上の利便性及び安全性の向上のための駐車場の配置の適正化を図るべき区域です。

特例措置

支援措置・税制措置

出典：国土交通省HP; 立地適正化計画概要パンフレットより
http://www.mlit.go.jp/common/001171816.pdf

図5.19　立地適正化計画の区域等

とにより、これらの各種サービスの効率的な提供を図る区域である。

③居住調整地域は、人口減少・高齢化の進展という社会背景の中で、都市構造を集約化して都市の機能を維持していく必要性が高まっていることを踏まえ、今後工場等の誘導は否定しないものの、居住を誘導しないこととする区域において住宅地化を抑制するために定める地域地区である。

④特定用途誘導地区は、都市機能誘導区域内において、誘導施設に限定して容積率や用途規制の緩和を行う一方、それ以外の建築物については従来通りの規制を適用することにより、誘導施設を有する建築物の建築を誘導することを目的とする地域地区である。

(2) 立地適正化計画に係る支援措置

コンパクトシティの形成に直接関係するものに限らず、コンパクトシティの形成に取り組む際に同時に検討することが想定される施策について、次ページ以降に支援措置をまとめる。

〈参考文献〉

1) 首相官邸　内閣府地方創生推進事務局HP：都市再生；
https://www.kantei.go.jp/jp/singi/tiiki/toshisaisei/index.html
2) 首相官邸　内閣府地方創生推進事務局HP：都市再生基本方針；
https://www.kantei.go.jp/jp/singi/tiiki/toshisaisei/kettei/020719kihon.html#b1
3) 国土交通省HP：「都市再生特別措置法等の一部を改正する法律の施行期日を定める政令」及び「都市再生特別措置法等の一部を改正する法律の施行に伴う関係政令の整備に関する政令」について；
http://www.mlit.go.jp/report/press/toshi07_hh_000082.html
4) 電子政府の総合窓口e-Gov：都市再生特別措置法(2002年法律第22号　施行日2016年9月最終更新：2016年6月公布(平成28年法律第72号)改正)；
http://elaws.e-gov.go.jp/search/elawsSearch/elaws_search/lsg0500/detail?lawId=414AC0000000022&openerCode=1
5) 首相官邸　内閣府地方創生推進事務局HP：都市再生安全確保計画制度について；
https://www.kantei.go.jp/jp/singi/tiiki/toshisaisei/yuushikisya/anzenkakuho/index.html
6) 国土交通省HP：都市再生関連施策　民間の活力を中心とした都市再生；
http://www.mlit.go.jp/toshi/crd_machi_tk_000008.html
7) 国土交通省HP：都市再生安全確保計画制度；
http://www.mlit.go.jp/toshi/toshi_machi_tk_000049.html
8) 国土交通省HP：都市再生特別措置法等の一部を改正する法律の施行について（技術的助言）
2016年9月(府地事第380号、国都まち第35号、国都計第74号、国都制第55号、国都公景第59号、国住街第103号)；
http://www.mlit.go.jp/common/001144876.pdf
9) 国土交通省HP：都市再生整備計画とは；
http://www.mlit.go.jp/toshi/crd_machi_tk_000011.html
10) 国土交通省HP：都市再生整備計画事業(旧まちづくり交付金)；
http://www.mlit.go.jp/toshi/crd_machi_tk_000012.html
11) 国土交通省HP：社会資本整備総合交付金等について；
http://www.mlit.go.jp/page/kanbo05_hy_000213.html
12) 国土交通省HP：「都市再生特別措置法」に基づく立地適正化計画概要パンフレット；
http://www.mlit.go.jp/common/001171816.pdf
13) 国土交通省HP：コンパクトシティの形成に関連する支援施策集(平成29年度)；
http://www.mlit.go.jp/toshi/city_plan/toshi_city_plan_tk_000032.html
14) 国土交通省HP：立地適正化計画作成Q&A；
http://www.mlit.go.jp/common/001118989.pdf

Ⅴ 助成制度と補助事業

◇計画策定に関する支援措置
〔予算措置〕

事業名	事業概要	対象区域	対象区域内の補助率		担当課
集約都市形成支援事業 (コンパクトシティ形成支援事業)	立地適正化計画の作成を支援することにより、都市の中心拠点や生活拠点に生活サービス機能の誘導を図るとともに、その周辺や公共交通沿線に居住の誘導を図る。 平成29年度においては、PRE活用計画を作成する際の支援対象に、現行の地方公共団体に加え、地方公共団体と商工会議所等を含む「協議会」を追加する。 また、計画の作成支援に当たっては、立地適正化計画に持続可能な都市としてどのような姿を目指すのかを記載するとともに、定量的な目標値を記載し、それにより期待される効果を定量化して計画と併せて公表することを要件化する。	都市計画区域内	直接	1/2	国土交通省 都市局 都市計画課

◇都市機能誘導区域内で活用可能又は嵩上げ等のある支援措置
〔予算措置〕

事業名	事業概要	対象区域	対象区域内の補助率		担当課
集約都市形成支援事業 (コンパクトシティ形成支援事業)	都市機能の集約地域への立地誘導のため、都市の集約化等に関する計画策定支援、都市のコアとなる施設の移転に際した旧建築物の除却・緑地等整備を支援し、都市機能の移転促進を図る。 また、立地適正化計画に跡地等管理区域として位置づけられた区域における建築物の跡地等の適正管理に必要な経費（調査検討経費、専門家派遣経費、敷地整備経費）について補助を行う。	都市機能誘導区域内	直接 (間接)	1/2 (1/3)	国土交通省 都市局 都市計画課
都市機能立地支援事業	人口減少・高齢社会に対応した持続可能な都市構造への再構築を図るため、公的不動産の有効活用等により都市機能（医療・福祉等）を整備する民間事業者等に対して支援し、中心拠点・生活拠点の形成を推進する。 平成29年度においては、交付対象誘導施設に子育て支援施設（乳幼児一時預かり施設、こども送迎センター）を追加する。 また、市町村の公有地に加え、都道府県有地を活用した誘導施設整備についても新たに支援対象とする。	都市機能誘導区域内 ＋ 都市再生整備計画区域内 (※1)	直接	1/2等	国土交通省 都市局 市街地整備課 住宅局 市街地建築課
都市再生整備計画事業	都市機能誘導区域内の一定の要件を満たす事業について、国費率の嵩上げ等を行い、都市の再構築に向けた取り組みを促進する。	都市機能誘導区域内 ＋ 都市再生整備計画区域内 (※1)	直接 (間接)	4.5/10 (3/10)	国土交通省 都市局 市街地整備課
都市再構築戦略事業	人口減少・高齢社会に対応した持続可能な都市構造への再構築を図るため、地域に必要な都市機能（医療・福祉等）等の整備について支援し、中心拠点・生活拠点の形成を推進する。 平成29年度においては、交付対象誘導施設に子育て支援施設（乳幼児一時預かり施設、こども送迎センター）を追加する。 また、隣接市町村や民間事業者との連携による誘導施設整備に対する支援の重点化を行う。	都市機能誘導区域内 ＋ 都市再生整備計画区域内 (※1)	直接 (間接)	1/2等 (1/3等)	国土交通省 都市局 市街地整備課
都市再生区画整理事業	防災上危険な密集市街地及び空洞化が進行する中心市街地等都市基盤が脆弱で整備の必要な既成市街地の再生、街区規模が小さく敷地が細分化されている既成市街地における街区再生・整備による都市機能更新等を推進するため施行する土地区画整理事業等の支援を行う。 また、都市機能誘導区域内の事業について、交付率の嵩上げ等により都市構造の再構築に向けた取り組みの支援を強化する。 平成29年度においては、立体換地建築物の共同施設整備費等に対する支援について、高度地区・防火地域において実施される事業を交付対象に追加する。	都市機能誘導区域内	直接 (間接)	1/2 (1/3)	国土交通省 都市局 市街地整備課
市街地再開発事業	土地の合理的かつ健全な高度利用と都市機能の更新を図るため、敷地の統合、不燃共同建築物の建築及び公共施設の整備を行う。 都市再生特別措置法等の一部を改正する法律の施行に伴い、都市機能誘導区域において一定の要件を満たす事業を補助対象に追加し、面積要件の緩和や交付対象額の嵩上げ等により支援を行う。	都市機能誘導区域内	直接 間接	1/3	国土交通省 都市局 市街地整備課 住宅局 市街地建築課

つづく

つづき

事業名	事業概要	対象区域	対象区域内の補助率		担当課
防災街区整備事業	密集市街地の改善整備を図るため、老朽化した建築物を除却し、防災性能を備えた建築物及び公共施設の整備等を行う。都市再生特別措置法等の一部を改正する法律の施行に伴い、都市機能誘導区域において一定の要件を満たす事業等について、交付対象額の嵩上げ等により支援を行う。	都市機能誘導区域内	直接間接	1／3	国土交通省 都市局 市街地整備課 住宅局 市街地住宅整備室
防災・省エネまちづくり緊急促進事業	防災性能や省エネルギー性能の向上といった緊急的な政策課題に対応した質の高い施設建築物等を整備する市街地再開発事業等の施行者等に対して、国が特別の助成を行うことにより、事業の緊急的な促進を図る。都市再生特別措置法の一部を改正する法律の施行に伴い、支援対象区域に都市機能誘導区域において一定の要件を満たす区域を追加。	都市機能誘導区域内	直接	3％,5％,7％	国土交通省 都市局 市街地整備課 住宅局 市街地建築課
優良建築物等整備事業	市街地環境の整備改善、良好な市街地住宅の供給等に資するため、土地の利用の共同化、高度化等に寄与する優良建築物等の整備を行う事業に対する支援を行う。都市再生特別措置法等の一部を改正する法律の施行に伴い、支援対象区域に都市機能誘導区域において一定の要件を満たす区域を追加する。また、都市機能誘導区域において一定の要件を満たす事業について、交付対象事業費の嵩上げ等の支援を行う。	都市機能誘導区域内	直接（間接）	1／2（1／3）	国土交通省 住宅局 市街地建築課
住宅市街地総合整備事業（拠点開発型）	既成市街地において、快適な居住環境の創出、都市機能の更新、街なか居住の推進等を図るため、住宅や公共施設の整備等を総合的に行う事業に対する支援を行う。	都市機能誘導区域内（※2）	直接（間接）	1／2等（1／3）	国土交通省 住宅局 市街地住宅整備室
住宅市街地総合整備事業（都市再生住宅等整備事業）	快適な居住環境の創出、都市機能の更新等を目的として実施する住宅市街地総合整備事業等の実施に伴って住宅等（住宅、店舗、事務所等）を失う住宅等困窮者に対する住宅等の整備を行う事業に対する支援を行う。	都市機能誘導区域内（※2）	直接（間接）	1／2等（1／3等）	国土交通省 住宅局 市街地住宅整備室
バリアフリー環境整備促進事業	高齢者・障害者に配慮したまちづくりを推進し、高齢者等の社会参加を促進するため、市街地における高齢者等の快適かつ安全な移動を確保するための施設の整備、高齢者等の利用に配慮した建築物の整備等を促進する。都市再生特別措置法の一部を改正する法律の施行に伴い、支援対象区域に都市機能誘導区域において一定の要件を満たす区域を追加。	都市機能誘導区域内（※2）	直接間接	1／3	国土交通省 住宅局 市街地建築課
スマートウェルネス住宅等推進事業	①サービス付き高齢者向け住宅整備事業（「サービス付き高齢者向け住宅」に併設される高齢者生活支援施設の供給促進のため、都市機能誘導区域において一定の要件を満たす事業については補助限度額の引き上げ等を行い、整備を支援する。）②スマートウェルネス拠点整備事業（高齢者等の居住の安定確保や健康の維持・増進の取組みの促進等を目的として住宅団地に併設される生活支援・交流施設の供給促進のため、都市機能誘導区域において一定の要件を満たす事業については補助限度額の引き上げ等を行い、整備を支援する。）	都市機能誘導区域内（※2）	間接	① 1／10 1／3 ② 2／3	国土交通省 住宅局 安心居住推進課
民間まちづくり活動促進・普及啓発事業	民間の知恵・人的資源等を引き出す先導的な都市施設の整備・管理の普及を図るため、都市機能誘導区域等における計画・協定に基づく社会実験等を支援し、持続可能なまちづくり活動の実現と定着を図る。	都市機能誘導区域内	直接（間接）	1／2（1／3）	国土交通省 都市局 まちづくり推進課
都市再生推進事業 都市再生総合整備事業 都市再生コーディネート等推進事業【都市再生機構による支援】	都市再生機構において、低未利用地の有効利用の促進及び都市再生に民間を誘導するための条件整備として行う既成市街地の整備改善のため、土地区画整理事業や防災公園街区整備事業等の手法により低未利用地の有効利用や都市の防災性の向上を図るべき地区等において、計画策定、事業化に向けたコーディネート等を行う。また、立地適正化計画制度によるコンパクトなまちづくりの推進に向けた都市機能誘導の促進のため、都市機能の立地に至るまでのコーディネート等を行う。	都市機能誘導区域内（※2）	直接	1／2 等	国土交通省 都市局 まちづくり推進課

つづく

Ⅴ　助成制度と補助事業

つづき

事業名	事業概要	対象区域	対象区域内の補助率		担当課
特定地域都市浸水被害対策事業	現行では、下水道法に規定する「浸水被害対策区域」において、下水道管理者及び民間事業者等が連携して、浸水被害の防止を図ることを目的に、地方公共団体による下水道施設の整備、民間事業者等による雨水貯留施設等の整備に係る費用を補助を行っている。 平成29年度においては、対象となる地区に、都市再生特別措置法に基づく立地適正化計画に定められた「都市機能誘導区域」を追加する。 （ただし、市街地の形成に合わせて下水道を新規に整備する区域であって、市町村の総事業費が増大しないものに限る。） また、補助対象範囲に、民間事業者等が特定地域都市浸水被害対策計画に基づき整備する雨水浸透施設を追加する。	都市機能誘導区域内	直接	1／2 等	国土交通省 水管理・国土保全局 下水道部 流域管理官

〔金融措置〕

事業名	事業概要	対象区域	対象区域内の補助率		担当課
まち再生出資 【民都機構による支援】	立地適正化計画に記載された都市機能誘導区域内における都市開発事業（誘導施設又は誘導施設の利用者の利便の増進に寄与する施設を有する建築物の整備）であって、国土交通大臣認定を受けた事業に対し、（一財）民間都市開発推進機構（民都機構）が出資を実施する。 また、当該認定事業（誘導施設を有する建築物の整備に関するものに限る。）については、公共施設等＋誘導施設の整備費を支援限度額とする。	都市機能誘導区域内	—	—	国土交通省 都市局 まちづくり推進課
共同型都市再構築 【民都機構による支援】	①地域の生活に必要な都市機能の増進又は②都市の環境・防災性能の向上に資する民間都市開発事業の立ち上げを支援するため、民都機構が当該事業の施行に要する費用の一部を負担し、民間事業者とともに自ら当該事業を共同で施行し、これにより取得した不動産を長期割賦弁済又は一括弁済条件で譲渡する。 都市機能誘導区域内で行われる認定事業（誘導施設を有する建築物の整備に関するものに限る。）については、公共施設等＋誘導施設の整備費を支援限度額とする。	都市機能誘導区域内	—	—	国土交通省 都市局 まちづくり推進課
都市環境維持・改善事業資金融資	地域住民・地権者の手による良好な都市機能及び都市環境の保全・創出を推進するため、エリアマネジメント事業を行う都市再生推進法人又はまちづくり法人に貸付を行う、地方公共団体に対する無利子貸付制度である。	都市機能誘導区域内	—	—	国土交通省 都市局 まちづくり推進課
（都市再生機構出資金） 都市・居住環境整備推進出資金 ＜まちなか再生・まちなか居住推進型＞	都市再生機構において、まちの拠点となる区域での土地の集約化等権利調整を伴う事業を行うことにより、まちなか再生やまちなか居住の用に供する敷地の整備及び公益施設等の施設整備を促進する。	都市機能誘導区域内 （※2）	—	—	国土交通省 都市局 まちづくり推進課
（都市再生機構出資金） 都市・居住環境整備推進出資金 ＜都市機能更新型＞	都市再生機構において、土地区画整理事業、市街地再開発事業等の都市機能更新事業を行うことにより、都市機能の更新を促進する。	都市機能誘導区域内 （※2）	—	—	国土交通省 都市局 まちづくり推進課
（都市再生機構出資金） 都市・居住環境整備推進出資金 ＜居住環境整備型＞	四大都市圏等の既成市街地において、大規模工場跡地等の用地先行取得や民間事業者による良質な賃貸住宅の供給支援等により、都市再生に必要な市街地住宅の整備を推進し、民間を都市再生に誘導するとともに、リニューアル、建替等を複合的に活用したストックの再生や、地域施策と連動したストックの有効活用を行い、都市再生機構の既存賃貸ストックの有効活用を図る。	都市機能誘導区域内	—	—	国土交通省 住宅局 総務課民間事業支援調整室

※1：区域について別途要件があります。詳細は「都市機能立地支援事業・都市再構築戦略事業パンフレット」にてご確認ください。
※2：区域について別途要件があります。
→鉄道若しくは地下鉄の駅から半径1kmの範囲内又はバス若しくは軌道の停留所・停車場から半径500mの範囲内（いずれもピーク時運行本数（片道）が3本以上）等

◇居住誘導区域内等で活用可能又は嵩上げ等のある支援措置

〔予算措置〕

事業名	事業概要	対象区域	対象区域内の補助率		担当課
市民緑地等整備事業	地方公共団体等が市民緑地契約等に基づく緑地等の利用又は管理のために必要な施設整備を行うことで、低・未利用地における外部不経済の発生を防ぐとともに、地域の魅力向上を図るため、低・未利用地を公開性のある緑地とするための取組に対して支援を行う事業である。原則面積要件は2ha以上であるが、居住誘導区域等においては0.05ha以上に緩和している。2017(平成29)年度においては、都市公園が未だ不足している地域において、土地所有者の協力の下、民間主体が空き地等を公開的な空間として整備・公開する取組を推進することが必要であることを踏まえ、民間主体が設置し、住民利用に供する緑地等の設置管理計画を市町村が認定する市民緑地認定制度を創設し、緑地保全・緑化推進法人が行う園路・広場等の施設整備に対して対象を拡大する。	居住誘導区域内	直接 (間接)	1／2 (1／3)	国土交通省 都市局 公園緑地・景観課 緑地環境室
ストック再生緑化事業	既設建築物等のストックを活用した都市環境の改善を図るため、公共公益施設の緑化や、公開性を有する建築物等の緑化に対して支援を行う。また、2016(平成28)年度より、広場空間における地域防災計画等に位置づけられた機能に必要な施設の整備や空き地等における延焼防止のための緑地整備に対しても支援を実施。	居住誘導区域内	直接 (間接)	1／2 (1／3)	国土交通省 都市局 公園緑地・景観課 緑地環境室
防災・省エネまちづくり緊急促進事業	防災性能や省エネルギー性能の向上といった緊急的な政策課題に対応した質の高い施設建築物等を整備する市街地再開発事業等の施行者等に対して、国が特別の助成を行うことにより、事業の緊急的な促進を図る。支援対象区域に居住誘導区域内において一定の要件を満たす区域を追加する。	居住誘導区域内	直接	3%,5%,7%	国土交通省 都市局 市街地整備課 住宅局 市街地建築課
公営住宅整備事業（公営住宅の非現地建替えの支援）	公営住宅を除却し、居住誘導区域内に再建等する場合、公営住宅整備事業において、除却費等に対する補助を行う。	居住誘導区域内	直接	原則50%等	国土交通省 住宅局 住宅総合整備課
市民農園等整備事業	居住誘導区域外や、居住誘導区域内(教育・学習又は防災に係る計画等の位置づけがある生産緑地の買取り申出に基づき農地の買取りを行う場合に限る)において市民農園等の交付対象事業要件の緩和(原則面積0.25ha以上を0.05ha以上に引き下げ)を行い、まちの魅力・居住環境の向上を図ることや郊外部において都市的土地利用の転換を抑制し、緑と農が調和した低密度な市街地の形成に寄与する。平成29年度においては、生産緑地法の改正による生産緑地地区の面積要件の緩和に伴い、生産緑地を買取り市民農園等となる都市公園を整備する場合の面積要件を緩和する。	居住誘導区域内外	直接	1／2(施設) 1／3(用地)	国土交通省 都市局 公園緑地・景観課 緑地環境室
地域居住機能再生推進事業	多様な主体の連携・協働により、居住機能の集約化等とあわせた子育て支援施設や福祉施設等の整備を進め、地域の居住機能を再生する取組みを総合的に支援する。公的賃貸住宅の管理戸数の要件は、原則概ね1,000戸以上としているが、整備地区が三大都市圏の既成市街地・近郊整備地帯等以外の居住誘導区域内等に存する場合には、管理戸数の合計が概ね100戸以上であることに緩和している。2017(平成29)年度においては、子育て支援施設を一体的に整備する場合の団地条件を緩和するなど、支援の充実と子育て支援施設の併設を行う事業への重点化を行い、子育てのしやすい環境の整備を図る。	居住誘導区域内	直接	1／2等	国土交通省 住宅局 住宅総合整備課

〔金融措置〕

事業名	事業概要	対象区域	対象区域内の補助率	担当課
街なか居住再生ファンド	中心市街地活性化のため、街なか居住の再生に資する住宅等の整備事業や活動拠点等の整備事業に対して出資を行う。都市再生特別措置法等の一部を改正する法律の施行に伴い、出資対象区域に居住誘導区域を追加する。(街なか居住の再生に資する活動拠点等の整備事業については、都市機能誘導区域に限る。)ただし、2015(平成27)年度までの採択事業に限る。	居住誘導区域内	—	国土交通省 住宅局 市街地建築課
フラット35地域活性化型（住宅金融支援機構による支援）	2017(平成29)年度より、コンパクトシティ形成等の施策を実施している地方公共団体と住宅金融支援機構が連携し、地方公共団体による住宅の建設・取得に対する財政的支援とあわせて、住宅金融支援機構によるフラット35の金利を引き下げる。【支援内容】居住誘導区域内における新築住宅・既存住宅の取得に対し、住宅ローン(フラット35)の金利を引下げる当初5年間、▲0.25%引下げ)。	居住誘導区域内	—	国土交通省 住宅局 総務課民間事業支援調整室

V　助成制度と補助事業

◆立地適正化区域内で活用可能な支援措置
〔予算措置〕

事業名	事業概要	対象区域	対象区域内の補助率	担当課
都市・地域交通戦略推進事業	都市構造の再構築を進めるため、立地適正化計画に位置づけられた公共交通等の整備について重点的に支援を行う。（居住誘導区域内で、人口密度が40人/ha以上の区域で行う事業、居住誘導区域外で行う施設整備で、都市機能誘導区域間を結ぶバス路線等の公共交通にかかるもの等）	立地適正化計画区域内	直接（間接）　1/2（1/3）	国土交通省 都市局 街路交通施設課
都市・地域交通戦略推進事業（補助金）	地域公共交通の活性化及び再生に関する法律等に基づく協議会等に対して、都市構造の再構築を進めるため、立地適正化計画に位置づけられた公共交通等の整備について重点的に支援を行う。（居住誘導区域内で、人口密度が40人/ha以上の区域で行う事業、居住誘導区域外で行う施設整備で、都市機能誘導区域間を結ぶバス路線等の公共交通にかかるもの等）	立地適正化計画区域内	直接　1/2	国土交通省 都市局 街路交通施設課
空き家再生等推進事業	老朽化の著しい住宅が存在する地区において、居住環境の整備改善を図るため、不良住宅、空き家住宅又は空き建築物の除却及び空き家住宅又は空き建築物の活用を行う。	（除却事業タイプ）居住誘導区域外　（活用事業タイプ）居住誘導区域内	直接（間接）　除却タイプ 1/2（1/2）　活用タイプ 1/2（1/3）	国土交通省 住宅局 住宅総合整備課 住環境整備室

◆立地適正化計画を策定する都市において活用可能な支援措置
〔予算措置〕

事業名	事業概要	対象区域	対象区域内の補助率	担当課
都市公園ストック再編事業	地域のニーズを踏まえた新たな利活用や都市の集約化に対応し、地方公共団体における都市公園の機能や配置の再編を図る。	立地適正化計画策定都市	直接　1/2	国土交通省 都市局 公園緑地・景観課

◆立地適正化計画に関連する地方財政措置
〔地方財政措置〕

事業名	事業概要	措置内容	措置期間	担当課
公共施設等の適正管理に係る地方財政措置（公共施設等適正管理推進事業債）	公共施設等総合管理計画に基づき実施される事業であって、①個別施設計画に位置付けられた公共施設等の集約化・複合化事業　②立地適正化計画に基づく地方単独事業　等に対し、元利金の償還に対し地方交付税措置のある地方債措置等を講じる。	①充当率90％、交付税算入率50％　②充当率90％、交付税算入率30％等	①、②2017（平成29）年度から2021（平成33）年度まで（5年間）	総務省 自治財政局 財務調査課

索引

あ行

圧力容器……………………………… 89,91,92,104
アンシラリーサービス料金………………………… 48
安全管理検査制度………………………………… 37

一般送配電事業……………………………………… 45
一般送配電事業者………………………………… 45,48
一般用電気工作物………………………………… 29

運転監視…………………………………………… 43

液化石油ガスエア発生装置…………………… 63,94
エネルギー管理統括者…………………………… 97
エネルギーの使用の
合理化に関する法律（省エネ法）………… 76,97

か行

環境影響評価法………………………………… 32,48

危険物…………………………………… 60,62,70,96,104
危険物保安監督者……………………………… 60,96,104
危険物保安統括管理者………………………… 97,104

系統連系…………………………………………… 47
建築基準法……………………………………… 68,104
建築物省エネ法………………………………… 11,76

高圧ガス保安法………………………………… 93,102,104
公害防止管理者…………………………………… 99
工事計画………………………………………… 31,103
小売電気事業……………………………………… 45
小型圧力容器……………………………………… 92
小型ボイラー……………………………………… 92

さ行

再生可能エネルギーの固定価格買取制度……… 46

自家発補給電力契約制度………………………… 48
自家発電設備………………………………… 48,63,65,94
自家用電気工作物…………………………… 24,29,42,103
事業用電気工作物………………………… 29,34,36,95,103
自己託送制度……………………………………… 46
主任技術者……………………………………… 9,29,34,95
消防法………………………………………… 11,60,68,71,96,104
消防用設備……………………………………… 63,104
使用前安全管理審査…………………………… 37,39,40,103
使用前自己確認………………………………… 10,36,38,39
使用前自主検査………………………………… 10,36,38,39
常用防災兼用自家発電設備……………………… 94
振動規制法……………………………………… 88,100
振動に係る特定施設……………………………… 31

水質汚濁防止法………………………………… 31,89

騒音規制法……………………………………… 88,99
騒音に係る特定施設……………………………… 31
送電事業…………………………………………… 45
総量規制基準…………………………………… 80,82,89
SOx………………………………………………… 81,86

た行

第一種圧力容器………………………………… 89,91,104
大気汚染防止法………………………………… 11,80,99
第二種圧力容器………………………………… 89,92
託送供給…………………………………………… 45

定期安全管理検査………………………………… 37,41
定期事業者検査………………………………… 10,36,41,42
電気工作物……………………………………… 10,29

電気事業法……………………………… 9,29,95,103
電力買取制度………………………………………46
電力システム改革………………………………9,45
電力量調整供給……………………………………45

特定化学物質障害予防規則………………………93
特定化学物質作業主任者………………… 100,102
特定供給…………………………………… 10,46
特定高圧ガス…………………………… 94,102,104
特定高圧ガス取扱主任者………………… 102,104
特定事業者…………………………………………97
特定送配電事業……………………………………46
特定連鎖化事業者…………………………………97
都市ガス供給系統の評価…………………………94
都市再生安全確保計画…………………… 111,115
都市再生緊急整備協議会……………………… 111
都市再生整備計画……………………………… 115
都市再生特別措置法…………………………… 111

な行

熱供給事業法…………………………………… 9,80

燃料電池設備……………………………… 66,68

NOx………………………………………… 81,87

は行

ばい煙……………… 11,31,33,44,80,81,86,99,103
ばいじん………………………………… 80,81,86
発電事業……………………………………………45

非常電源………………………………… 11,60,63,71,94
火を使用する設備……………………………60,104

BEI …………………………………………………78
BELS（建築物省エネルギー消費性能表示制度）……80

保安規定………………………………………36,103

ボイラー取扱作業主任者……………………… 100
防災設備……………………………………… 63,71

や行

有害物質使用特定施設……………………………32

容積率緩和許可……………………………………72
溶接安全管理検査…………………………………40
余剰電力……………………………………………40
予備電源……………………………………………71

ら行

立地適正化計画………………………… 111,118

労働安全衛生法………………………… 89,104

制作委員会委員

(敬称略)

田村　勉 (主査)	一般社団法人日本内燃力発電設備協会
山室　幸三	大阪ガス株式会社
川崎　克也	川崎重工業株式会社
南島　正範	関西電力株式会社
森田　英樹	清水建設株式会社
若栗　清巳	新日本空調株式会社
左近司　樹生	東京ガス株式会社
深澤　幹夫	東京電力エナジーパートナー株式会社
馬場　美行	西芝電機株式会社
武市　賢二	三浦工業株式会社
山中　智和	三菱重工エンジン&ターボチャージャ株式会社
真島　繁之	ヤンマーエネルギーシステム株式会社

コージェネレーション導入関連法規参考書2018

2018年3月30日　発行

一般財団法人 コージェネレーション
・エネルギー高度利用センター　編

発行人　小林 大作

発行所　日本工業出版株式会社

本　社　〒113-8610　東京都文京区本駒込6-3-26
　　　　TEL　03 (3944) 1181㈹　FAX　03 (3944) 6826
大阪営業所　TEL　06 (6202) 8218　FAX　06 (6202) 8287
販売専用　TEL　03 (3944) 8001　FAX　03 (3944) 0389
振　替　00110-6-14874

http://www.nikko-pb.co.jp/　　e-mail：info@nikko-pb.co.jp

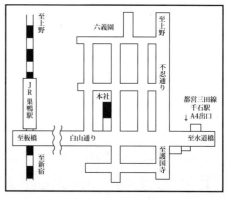

〈東京本社付近図〉

ISBN978-4-8190-3006-9　　C3053　　¥6000E　　定価：本体6,000円＋税